大学基础物理
教学研究

韩荣荣 ◎ 著

吉林出版集团股份有限公司
全国百佳图书出版单位

图书在版编目（CIP）数据

大学基础物理教学研究 / 韩荣荣著. -- 长春 ：
吉林出版集团股份有限公司，2024.3
ISBN 978-7-5731-4776-9

Ⅰ．①大… Ⅱ．①韩… Ⅲ．①物理学－教学研究－高
等学校 Ⅳ．①O4-42

中国国家版本馆CIP数据核字(2024)第069398号

DAXUE JICHU WULI JIAOXUE YANJIU

大学基础物理教学研究

著　　者　韩荣荣
责任编辑　张婷婷
装帧设计　朱秋丽
出　　版　吉林出版集团股份有限公司
发　　行　吉林出版集团青少年书刊发行有限公司
地　　址　吉林省长春市福祉大路 5788 号（130118）
电　　话　0431-81629808
印　　刷　北京昌联印刷有限公司
版　　次　2024 年 3 月第 1 版
印　　次　2024 年 3 月第 1 次印刷
开　　本　787 mm × 1092 mm　　1/16
印　　张　11.75
字　　数　210 千字
书　　号　ISBN 978-7-5731-4776-9
定　　价　76.00元

前　言

物理学是研究自然界中物质基本结构、作用规律、运动规律的学科，是人类认识自然、改造自然和推动社会进步的动力和源泉，物理学的概念、原理、定律具有极大的普遍性。大学物理课程是理、工、农、林、水等院校的学科基础课。物理学作为一门完整的学科，其中包括了力学、热学、电磁学、光学和量子物理学等基本内容。研究大学物理教育教学的改革与发展，对于把握物理教育、教学规律，推动物理教育改革，提高物理教育水平，都具有重要的指导作用和深远的历史意义。

大学物理课程不仅是高等学校理工科各专业学生必修的一门重要的通识性基础课，而且是学习其他课程的基础。大学物理课程在为学生系统地打好必要的物理基础、培养学生树立科学的世界观、增强学生分析问题和解决问题的能力、培养学生的探索精神和创新意识等方面，具有其他课程不能替代的重要作用，学好大学物理具有非常重要的意义。

本书从理论和实践出发，先是概述了大学物理教学，接着分析了大学物理教学原则与方法、大学物理教学设计、大学物理教学技能与课堂讲授以及大学物理教学质量的测量与评价，最后重点探讨了大学物理智慧学习系统的构建以及应用型本科院校大学物理教学改革与实践等相关内容。

本书在撰写时参阅了一些学者的成果，在此一并向各位学者表示衷心感谢。鉴于作者经验、水平有限，加之时间仓促，书中难免存在疏漏或不妥之处，恳请读者不吝赐教，以便使本书更趋于完美。

韩荣荣

2023 年 12 月

目　录

第一章　大学物理教学概述

第一节　大学物理教学理论框架

对于工科各专业开设的大学物理课程究竟教什么？显然不是单纯做题来应付考试，也不可能等同于物理专业的物理课程，而是应把教学重点放在"概念、框架、思路、方法" 8 个字上，即重点教物理概念与物理思想，知识结构及相互联系，以及观察、分析、研究、解决问题的思路和方法，以提高学生对物理学的理解力，打好必要的物理基础。

"物理框架"指的是知识的结构和各概念之间的联系。布鲁纳曾说："获得的知识如果没有圆满的结构把它联在一起，那是一种迟早会被遗忘的知识。"这意味着教学不是孤立地讲某个问题，而是要让学生去了解该问题在知识结构中所处的地位以及它与其他概念的联系。正如杨振宁所说的："研究物理就像看一幅画，近处能看到各个细节，但还不够，还必须走到远处，才能看到它的全部。"《工科物理教程》在每篇（章）的开头有引言，介绍相应的知识结构和来龙去脉，并按此结构编写该书，每章最后有内容小结与之相呼应，还专门编写了第一章"物理世界"作为入门篇，概述了物理学的理论框架和物质与运动的物理图像。

"物理概念与物理思想"包括各个物理量、定理、定律的意义，以及各种运动的规律和物理图像等，是物理学的精髓与核心。概念清楚了，才有分析问题、解决问题的基础。因此，要像爱因斯坦所说的那样，把物理课讲成"概念的诗剧"。《工科物理教程》全书注重物理概念和物理思想的论述。如相对论时空观一节，首先介绍了两个参考系的观察者 S、S′ 的特点；它们各自如何测量时间和空间，特别是观察者与事件有相对运动时的时、空测量方法，如何区分固有时间（或长度）、观测时间（或长度），这些概念弄清楚了，就不难理解长度收缩和时间膨胀的概念了。又如讲热学时，首先通过一些数量级建立热运动的物理图像，在此基础上，就不难理解统计方法和统计规律的概念；讲述了机械波传播的物理图像以后，建立波动方程，研究波的干涉就显得简单了。"思路、方法"就是科学地观察、发现、分析、研究和解决问题的思路和方法。从某种意义上来讲，它比具体知识更为重要。大学物理课程就其基本内容来讲，大部分属于经典物理学的范畴，即大学物理现有知识体系内至少有85％的内容是物理学的经典知识，包括力学、热学、电磁学、光学等。

大学物理教学当然要体现这些新的成果，要富有时代感，所以在课程教学中，要处理好这两者的关系，既不能故步自封，也不能只讲新知识而不讲基础知识。这两者必须有机结合，并在教学中互相渗透，以现代教育思想为指导，对传统教学方法加以改革，运用多种教学方法与教学手段进行教学。《工科物理教程》在这方面做了不少尝试。例如，注重介绍物理学发展过程中的重大发现和转折过程，讲模型和图线时侧重论述模型化方法和从图线上获取运动信息的方法。此外，还在相应的章节中，突出类比法、演绎法、归纳法、补偿法等效法以及统计方法、实验分析方法、规范化解题方法等讨论，以提高学生对物理学的理解力；在内容上，把波动光学纳入"物理学中的振动和波"这一框架，按下列思路论述光的干涉规律，即两个同方向、同频率简谐运动的合成规律（加强、减弱条件）→两列相干波干涉的加强、减弱条件→光干涉明暗条件（只要把波程差换成光程差，得出 $\triangle = n_2r_2 - n_1r_1$ 的具体表达式，把加强、减弱换成明、暗），这样有利于学生接受，再也不会让他们感到公式多、抽象、零乱了。

当然，在教学过程中，要求学生完成一定量的习题作业是必要的任务，可以帮助学生加深对"概念、框架、思路、方法"的理解和掌握，并起到检验理解和运用知识水平以及程度的作用。

第二节　大学物理课程的地位

一、大学物理课程性质及特点

（一）课程的性质

大学物理课程是大学理工科（非物理专业）学生的必修科目，其目的是培养和提高学生的科学素养与科学思维能力。学生通过本课程的学习可以了解经典物理（力学、电磁学、热学、光学）和近代物理的基本概念、规律和方法，并为后续课程的学习、今后的工作打下基础。物理学是研究物质的基本结构、运动形式、相互作用的自然科学，其基本理论已经渗透到了其他自然科学的各大领域。通过大学物理的学习，学生不仅可以增强自主学习的能力、科学观察的能力、抽象思维的能力、科学分析与解决问题的能力，还可以进一步增强求真务实精神、培养创新意识和提高科学美感的认识能力。

（二）课程的特点

大学物理课程具有如下几个特点。

第一，物理是一门严谨的科学，对基本概念、基本原理和基本技能等基本功的训练，是物理课程的核心，也是我国物理教学的优良传统；第二，大学物理是以实验为基础的，强调理论与实践相联系、强调实践是检验真理的唯一标准；第三，注重对新问题的探索和批判精神的培养；第四，大学物理具有学科交叉性，它不仅与数学有着紧密的联系，而且与技术科学有着很强的相关性。

二、大学物理在高等教育中的地位以及作用

（一）大学物理课程的基础地位

在高等学校中，教学工作的基本单元是课程，而学校的培养目标则决定了课程的设置。通常情况下，教育层次的不同，决定了教育的培养目标必然会有所不同，因而就会存在不同的课程设置。现阶段高等理工科教育的培养目标为：

3

传授给大学生应有的专业知识与技能，以及必要的自然科学知识，使受教育者成为具备高素质的人才，能够在未来为国家、为社会创造无限财富。而物理学作为一门重要的自然科学，研究的是物质最基本、最普遍的运动形式和规律，研究的是物质最基本的结构。它的理论广度和深度，在各学科中名列前茅；它的基本概念和方法，为整个自然科学提供了规范、模板甚至工作语言；以物理学基础知识为内容的大学物理课程所包含的经典物理、近代物理和现代物理学，是一个高级工程技术人员必须具备的基础知识。因而，物理学规律以及理论具有较大的普遍性，在 21 世纪物理学仍将是一门充满活力的科学。所以，从物理学本身的特点来讲，大学物理课程仍然是我国高等学校理工科教育的重要基础课，在课程设置中，也必然会处于必修基础的地位。

（二）大学物理在理工科高等教育中的作用

物理学从早期开始，就以丰富的方法论、世界观等物理思想影响着人们的方法和思想。物理学发展的过程，也是人类思维发展的过程，因此，对大学生进行物理教育，则能够培养他们树立正确的世界观以及提高思维能力。同时，物理学中包含的各种研究方法，如理想模型方法、半定量以及定性分析方法、对称性分析方法、精密的实验与严谨的理论相结合的方法等，对于工程科学家、工程技术人才来说是必不可少的。除此之外，物理学从一开始就具有彻底的唯物主义色彩，"实践是检验真理的唯一标准"一直都是物理学家坚持的原则，显然这是"至真的"；物理学一直都致力于帮助人认识自己，促使人的生活不断向上，这是"至善的"；物理学中始终体现着"和谐的美""风格的美""结构的美""对称的美"等"至美"的光辉。因此，大学物理教育对于大学生各方面素质的培养是其他任何学科都无可替代的。

可以看出，物理学已经成为理工科高等教育基础学科中影响较深的一门学科。它不仅仅是一门为后续专业课准备的基础课，更重要的是它具有培养大学生基本科学素养以及各方面能力的功能。

第三节　大学物理教学研究的基本任务和研究方法

物理教学论主要为物理教师的教学活动提供理论指导，使物理教师（包括师范物理教育专业学生）掌握物理教学的基础知识和物理教学的基本技能，能够进一步提高物理教学质量，提高物理教师的工作能力和教育科研能力。

一、物理教学研究的基本任务

物理教学论的基本任务是阐明物理教学的职能，揭示物理教与学的基本规律，确定物理教学的内容和结构，选择最优化的教与学的方式和方法，以及探讨行之有效的教学组织形式。概括地讲，物理教学论的研究对象是物理教学中的问题，它的基本任务必然是要解决物理教学中存在的问题。物理教学中的问题比较广泛，既有宏观层次的问题，也有微观层次的问题；既有理论性的问题，也有实践性的问题。物理教学论主要是从比较宏观的角度研究物理教学中的问题。就实践性问题而言，物理教学论要论述物理教学中一些普遍的带有规律性的内容直接指导物理教学实践；就理论性问题而言，物理教学论要对物理教学中的问题做出"为什么"的回答，为其进行理论解释和说明，以便于教师对物理教学中的问题具有更加深刻的认识和理解，从而在更高的层次和水平上能对物理教学实践发挥指导作用。具体而言，物理教学论的基本任务包括以下方面。

（一）研究物理教学中的基本理论问题

物理教学论的教学目的是使学生掌握物理教学的基础知识和基本理论，掌握物理教学的一般规律和方法，训练物理教学技能（包括实验技能）；培养学生的责任感，培养学生的独立意识、创新意识和积极实践的顽强意志。物理教学是基础教育中不可缺少的重要组成部分。要完成基础教育的基本任务，达到基础教育的总体目标，必须重视物理教学，对物理教学在基础教育中所起的作用和发挥的功能，以及它在基础教育中的地位等理论问题都必须做出明确回答。此外，要提高物理教学质量和效率，也需要强有力的正确理论做指导，物理教学实践过程中也有许多基本理论问题需要回答，这些都是物理教学论的任务。一般而言，对于物理教学论的基本理论问题，物理教学论需要研究的主要任务包括以下方面：

（1）研究物理教学的总体目标和任务；

（2）揭示物理教学过程中的本质和物理教学的基本规律，确定物理教学的基本原则；

（3）研究物理课程的基本问题，如物理课程的基本类型、物理课程的基本结构等；

（4）研究物理教学的基本教学模式；

（5）研究物理学习，揭示物理学习过程的基本特点、学生学习物理的心理特征，确定物理学习原则；

（6）研究物理教学过程中，揭示符合现代社会要求的合格物理教师应具备的智能结构、业务素质等；

（7）研究物理教学中的有关评价问题，如物理教学质量评价、物理课程评价、物理学业成就评价等方面。

（二）研究物理教学实践中的问题

物理教学论是一门应用性极强的学科，虽然它不是直接研究物理教学实践中十分具体的问题（如某一具体物理知识点应如何教等），其描述内容是物理教学中带有普遍性和规律性的问题。但是，物理教学论的研究成果必须能够对物理教学实践发挥直接的指导作用，使其理论在教学实践中得到较为广泛的应用。从这个意义上讲，物理教学论应该且必须研究物理教学实践，并通过对物理教学实践的分析、综合、抽象、概括等思考得出自己的结论，这也应该是物理教学论的任务。具体而言，尽管物理教学实践中涉及的问题很多，但物理教学论的主要任务是研究以下几个方面。

1. 物理教学的基本形式

教学形式是教学活动的表现，不同学科的教学其教学形式存在共性，一般教学论的研究就揭示了教学形式的共性。物理教学的基本形式通常包括：物理概念教学、物理规律教学、物理实验教学、物理练习教学和物理复习教学等。物理学科的教学内容、物理学思想、物理学的思维方式和物理研究方法等方面具有不同于其他学科的独特性。这就决定了物理教学的基本形式除共性之外，还要表现出其自身的特点，表现出与其他学科教学形式的区别。物理教学论的任务之一，就是从物理教学实践中抽象、概括出具有普遍意义和适用性的物理教学基本形式。

2. 物理教学手段和教学方法

教学手段和教学方法是教学论研究的主要内容之一。一方面，由于学科教学内容的差异，任何教学手段和教学方法应用于不同学科，必须体现出其学科特有的个性。另一方面，随着科学技术的发展，教学手段也在不断提高，不同的教学内容只有用与它相适应的教学手段和方法施教效果才比较好。因此，结合具体的学科教学内容，进行教学手段和教学方法的研究是十分必要且非常重要的。物理教学论的任务之一，就是需要结合物理教学内容，研究并揭示适合物理教学的教学手段及教学方法，同时探讨在物理教学中如何有效地使用教学手段及教学方法。

3. 物理教学的基本技能

教学技能是教师必备的业务素质之一，除一般的教学技能外，物理学科教学还要求物理教师应具备物理教学特有的教学技能，如物理教学演示实验技能、物理教学板画技能等。这些既体现了物理教学的个性特征，也是物理教师必须掌握的基本技能。物理教学论的任务就是要研究并揭示物理教学的基本技能，探讨如何在物理教学活动中成功地运用物理教学技能。

二、物理教学研究课题的选定

（一）确定研究课题

1. 选题的基本原则

（1）重要性原则。物理教学研究选题要符合重要性原则。选择的物理教学研究课题要有一定的必要性和实际意义，必须紧扣物理教育发展与改革过程中重大的理论问题与现实问题。课题研究的结果应能对物理教育的理论问题和现实问题产生一定的影响或作用，或对物理教学有明显的促进作用等。因此，要时时处处留心观察物理教育的现象，多动脑筋思考物理教育的实际问题。只有这样，才可能发现一些需要解决的问题、具有一定意义的研究课题。有些人临时去找问题、去搞教育研究，对问题的考虑和认识往往是肤浅的。

（2）创新性原则。所谓创新，含义很广，它首先是指发现前人未发现的领域，选择别人未曾研究过的或尚未完全解决的问题作为研究课题。同时，用新的视角、新的方法研究别人研究过的问题，在别人研究的基础上发现新的问题、有新的补充也是创新。此外，将别人的研究成果用于解决自己的问题或用于新的领域也是创新。总之，创新是教育科研的基本特征，从一般意义上说，不能只是简单地重复别人的研究。因此，物理教学研究选题时要了解有关的信息，了解在这个研究问题上哪些工作是前人已经做过的，哪些问题是已经解决了的，哪些问题是遗留下来待解决的，他们研究的方法是什么，他们所得结论的科学性又如何。如果不了解前人已有的成就，贸然行事，那么可能只是重复别人的路子，甚至是枉费精力。因此，选题时要考虑物理教学研究的课题是否是对未知事物的探究，如对物理教育新现象新事实的揭示，物理教育新概念的界定和新论点的提出，物理教育新方法的创造、新手段的发明和应用，物理教育新理论的构建，等等。

（3）科学性原则。选题的科学性，表现在两方面：一是要有一定的事实依据，这是选题的实践基础，因为实践经验为课题的形成提供了确定的依据：二是要以教育科学基本原理为依据，这是选题的理论基础。因为教育科学理论将对选题起到定向、规范、选择和解释作用。没有一定的科学理论依据，选定的课题必然起点低、盲目性大。应该认识到，选题的实践基础和理论基础制约着选题的全过程，影响着选题的方向和水平。

（4）可行性原则。可行性即现实可能性。研究者应该从自己的主、客观条件上分析和把握所选课题是否可行。主观条件通常包括研究者的知识储备、研究能力、研究基础、研究的兴趣及专长等，客观条件一般是指该研究的可行性、时间、经费、人力等方面的保障以及对研究资料的掌握等。相较而言，对于缺乏教育科研经验的研究者来说，选择小而具体的课题应该更具有可行性，因为问题小而具体，内容明确，容易把握，操作性强。如果选择过大的课题，则往往因头绪太多、关系复杂，从而控制和把握起来比较吃力，以至于难以进行。

2. 选题的途径

因为教学研究活动是以教师为主体的，所以这就决定了教学研究问题主要源于学校、课堂和本学科的教学实践这三方面。因此，我们围绕着物理教学实践这个中心来选择研究课题，是容易获得成功的一条基本途径。这是因为如下原因。第一，难度小。由于所研究的内容是本学科的，教师对教材、教学与研究现状、学生现状均比较了解，可以很快找到突破口，再做研究，易取得好的效果，不需要先决条件。第二，见效快。这类研究的切入点往往较小，因此，研究的时间短，长则一年，短则几个月就可以见效，易取得成果，很快可满足教师的一种自我实现的需要，从而树立投身教育科研的信心。第三，实用性强。这些题目都是教师在实践过程中亲身遇到的问题，它直接为教师自身的教育、教学改革所服务，研究成功了，可以提高本学科的教育质量；失败了，也会取得一定的经验，可以在今后的教学中少走弯路。这样，可以科学地指导自己的教学，对提高教师自身的素质会有很大帮助。第四，投入小。教学研究是在教学活动中进行的，不需要另辟蹊径，花费时间相对较少，也没有太多的额外负担，可以直接在自己所教的班级中进行，横向干扰少，投入也不大。因此，我们认为教师在开展教学研究时，可以从以下几方面进行选题。

（1）在阅读中选题。一是在可深化的地方定课题；二是利用书刊而不尽信书刊，阅读的同时需要有怀疑精神，在疑问处选课题。在报刊上可常见到此类文章，如《对一道物理竞赛题的异议》《对新教材中量程概念的一点商榷意见》等。

（2）在教学实践中选择课题。这一点应是广大物理教师最主要的选题途径。因为教师长期工作在教学第一线，会遇到各种各样的教学现象，要参加许许多多正规和非正规的教学实践活动，在教学实践活动所积累的素材中，有方方面面、众多的课题可供我们去发掘、去选择。

（3）在研究热点上选题。在不同时期，物理教学研究均有其热门课题，如前几年的素质教育、创新教育，当今的研究性学习、多媒体课件、说课等。若能瞄准好热点，选取合适的突破口，很容易取得成功。

（4）在研究冷点上选题。在物理教学研究上，每一个时期总会有一些问题被人们忽视，成为研究的冷点，若能留心，并抓住它，有时可能会别具一格。再说冷和热也是相对的、有时还会相互进行转化。如《性格特征对物理学习的影响》《让语文走进物理教学的课堂》等，都属于在冷点上选定的课题。

（5）在常规研究方向上选题。物理教学改革和研究，离不开大纲、教材、教法、学法等常规课题，刊物也不会忽视此类稿件。对于老课题，只要有新见解、新突破，仍是好文章。如《再论物理概念教学》《也论培养学生的创新能力》《欧姆定律的教学改革》《浮力教学难点的突破》等，均属于此类文章。

（6）在观察中选题。即在平常教学工作中，甚至是在生活中，通过观察，联想到某一问题，认为有一定价值，便可作为课题，写成文章。如《自行车上的物理知识》《厨房里的热学知识》《服装的颜色与物理》《两种水珠，一个道理》等，均属于此类课题的文章。

（二）制订研究计划

1.查阅相关文献

研究文献是指记录、保存、交流和传播一切科学知识的材料。通常指书籍、期刊、科技档案及其他图书资料或非图书资料。任何一项科学研究工作，都是在前人的研究基础上进行的。查阅文献资料有助于研究者对有关领域的研究状况有一个系统而全面的认识，吸取有关研究成果，指导或改进自己的研究工作。因此，查阅研究文献是物理教学研究过程中不可缺少的重要环节。查阅研究文献也是一项技术性很强的工作。在时间上应从现在到过去，采用倒查法；在范围上重视一些学术性强、质量高、有代表性的论著；在性质上注意收集第一手资料，少收集经过多次转述的资料，也要注意邻近学科领域的研究文献。研究文献的查阅对整个研究过程各个阶段工作的顺利完成和提高研究水平都有重要的意义。事实上，它与其他环节并不是截然分开、完全独立的，而是相互紧密联系，有时是交叉或同时进行的。研究者花在文献查阅方面的时间往往会很多，研究者平时对有关文献资料的了解和积累，以及在研究中对有关文献资料的检查、收集和阅读，直接影响着研究工作的质量水平。当前国内外研究文献迅速增加，文献检索逐渐规范，在技术上也已实现计算机联网。研究者需要掌握研究文献的检索技术，以便能够快速准确地获取信息、把握新动态，使自己走在研究领域的前沿。

2. 提出研究假设

研究假设指的是理智地猜测，它是人们根据理论知识、经验事实或逻辑推理对研究课题设想出的可能答案，为设计研究方案提供预见性的规定和框架。对于实验研究，通常是描述因变量和自变量的可能关系。一个好的课题研究假设应具备三个特点。①科学性。它是以理论和事实为依据的，并不是毫无根据的推测和主观的臆断而来的，如"永动机"就是一个没有科学依据的命题。②可检验性。即研究假设的结论是可以检验的，可检验性是研究假设科学性的必要条件，它是指研究的结果是可以在同等的条件下进行重复的实验，并能证明同一结论的存在性和它的可靠性。③推测性。任何研究假设都不是观察实验的直接结果，不是确切可靠的认知，实际上是思维中的想象，是通过创造思维设想出来的，有待于进一步科学实验检验其正确性，因此教育科学假设具有推测性。

3. 选择研究方法

物理研究方法是多种多样的，如教育观察、教育调查、教育实验等。每种方法又可采用不同的设计方式，有一些不同的类型，并分别有其特定的适用范围和条件，处理资料、数据的方式也不相同。在研究设计中应依据研究的具体问题做出恰当的选择，这是研究设计的关键。在本章下一节中将对一些具体的研究方法分别说明。随着教育科学研究的不断深入、现代科学技术的不断发展，物理教学研究方法表现出许多新特点，在选择研究方法时值得注意。

（1）研究背景的现场化。自20世纪70年代以来，教育研究的背景开始从传统的实验室研究转向各种形式的教育现场。由于研究设计方法的不断完善，采用现代化技术手段（录音、摄像和计算机技术），保证了现场研究的客观性和准确性。在现场背景下进行教育活动，其研究结果不但能揭示教育规律，还能直接应用于教育实践。

（2）研究方式的多学科化。物理教育学是一门综合学科，一些研究课题涉及了物理学、教育学、心理学、教育技术及制造技术等，这意味着必须从多学科的角度，研究和解决物理教育中的各类问题。当前，有关物理教育心理、教育技术等方面的研究已取得一定的成果，并促进了物理教育学的发展。

（3）研究方法的综合化。在物理教学研究中可以采用的研究方法很多，而每一种研究方法都有它自己的优点和不足。使用单一研究方法往往只能获得部分信息，难以得出全面、准确的结论。因此，在研究方法上出现综合化趋势，特别是定性分析和定量分析相结合的方法的发展，提高了物理教学研究的水平。

（4）研究手段的现代化。随着现代科学技术的迅速发展，教育研究的手段和技术日益现代化。在研究中使用无线通信、录音、电视、摄影、计算机系统等设备，获得真实、详尽的现场资料，提高了研究的水平和功能。此外，还采用现代化技术手段建立了一些实验研究基地，也正发挥着重要作用。

4.制定研究程序

物理教学研究是一项复杂的工作，在研究设计时，要计划好研究的技术路线和实施步骤，为完成研究的每一阶段做出精心的安排。

（三）实施研究计划

在完成研究设计之后，就要按选择的研究方法和拟定的研究程序实施运作。在研究实施过程中的一个重要问题是收集研究资料和数据及分析处理，并做出研究结论、解释研究结果。如果研究假设得以证实，就可以在此基础上开展进一步的研究；如果被证伪，或研究失败，则可根据研究中提供的信息，修订研究设计，重新进行研究。在研究实施过程中的一切研究活动都要严格遵照研究设计中的规范和程序，以保证研究的可靠性和有效性。研究往往会受到许多随机因素的影响，如学生或教师的健康状况、动机、态度、研究环境等各种难以控制的因素。这些因素可能在研究设计时难以预料，要在研究实施中做出调整和补救。

（四）撰写研究报告和论文

撰写研究报告和论文是将研究的结论以文字形式记录下来。它不仅记录了研究的过程和结论，同时也表明了研究人员的研究成果，并为同行和后人的进一步研究提供参考。

1.草拟提纲

首先在对研究报告或论文的内容和形式充分考虑的基础上，对资料进一步提炼，选择表达研究成果的最佳方式，拟定一个总体计划。然后以充分表达研究者的思想、见解及研究成果为主线，考虑读者对象的特点、组织报告或论文的层次结构、材料安排的顺序及取舍，突出重点地拟定一个最佳的写作提纲。

2.撰写初稿

（1）题目。教育研究论文和报告的题目必须准确、简练和醒目。题目要能准确概括或反映文章的主要内容，使读者一看题目，就能大体知道这篇教育研究论文或报告的主题，并产生阅读全文的兴趣。所以，教育研究论文或报告的题目必须以最恰当、最简明的词句组合，概括全篇内容，并能引人注目。

（2）前言。前言是教育研究论文或报告的序言，写在正文之前。前言主要阐明这项研究工作的缘由和重要性；国内外在这一方面的研究进展情况，存在什么问题；本文研究的目的，采用什么方法，计划解决什么问题，在学术上有什么意义。前言部分要力求简明扼要、直截了当，不要拖泥带水。

（3）正文。教育研究论文或报告的正文是研究文章的主体部分。学术论文的正文包括论点、论据和论证。有的主要阐明科学的研究方法和严谨的研究过程，以事实材料和数据论证论点的科学性和准确性；有的则依据论点与论据相结合，通过由表及里、由此及彼的推理论证，表明研究论点的正确性。学术论文必须以论为纲、论点明确，并以确凿的论据来说明论点，做到论点和论据的统一。调查报告的正文即为调查的内容。通过叙述、统计图表、统计数字及有关文献资料，用纲、目、项或篇、章、节的形式把调查内容有条理地、准确地揭示出来。

（4）结论与讨论。教育研究论文或报告的结论与讨论部分是作者经过反复研究后形成的总体论点，并指出哪些问题已经被解决了，还有什么问题尚待研究。有的教育研究论文或报告可以不写结论，但应做一个简单的总结或对研究结果开展一番讨论。有的教育研究论文或者报告不专门写结论性的段落，而是把结论与讨论分散到整篇文章的各个部分。不管是学术论文的结论部分，还是研究报告的结束语，都是分析问题和解决问题的必然结果。结论部分必须总结全文、深化主题、揭示规律，而不是正文内容的简单重复。所以写结论必须十分谨慎，措辞要严谨，逻辑要严密，文字要简明、准确，不能模棱两可、含糊其词。

（5）引文注释和参考文献。教育研究成果是前人工作的继续和发展，是教育界共同努力的结晶。所以，在撰写研究论文和研究报告时，引用他人的材料、数据、论点和文章时要注明出处。这样做，既能够反映出作者严肃的科学态度，体现出研究成果的科学依据和质量，也是尊重别人劳动的表现。

三、物理教学研究的基本研究方法

物理教学论常用的基本研究方法有：文献研究法、观察法和调查法、实验研究法和逻辑方法等。

（一）文献研究法

所谓文献研究法，就是针对所研究的对象（如教育研究的某现象），对相关联的文献进行查阅、比照、分析、判断、整理，从而找出教育现象的本质属性或内在规律，证明研究对象的一种科学方法。文献研究法是物理教学论的基本研究方法之一。一般而言，任何一个课题的研究，随时都要查阅有关的文献资料，从中吸取和借鉴他人的研究成果。尤其在研究课题的选择阶段，通过研究有关的文献资料，有利于认识所选课题的研究意义，掌握大量资料，充分了解本课题或与其相关方面的研究历史和最新进展，从而使研究建立在新的起点上，具有创造性，不重复前人的工作，少走弯路。

（二）观察法和调查法

观察法是物理教学论常用的，也是最简单易行的研究方法。用观察法研究物理教学中的现象和问题并不同于日常的看一看，它是研究者有目的、有计划地对处于自然状态下的物理教学进行考察，从而获得真实、可靠的第一手资料。

例如，研究物理实验室的建设和利用情况、某地区的物理教学条件、优秀的物理教学方法等问题都可以应用观察法直接获得第一手资料。

调查法是研究者有目的、有计划地对某一现象进行考察，或者对某一问题进行了解，从而获得资料的方法。应用调查法对物理教学现象、物理教学中的问题进行研究有两个明显的优点。第一，调查法的应用方式灵活多样。例如，应用调查法可以通过实地考察或与当事人谈话直接获取研究对象的有关情况。也可以通过访问、开座谈会、问卷调查等方式和当事人或熟悉研究者的第三者了解相关情况。第二，调查不受时间和空间的限制。

对发生在过去的有关教学现象和问题展开调查，也可以对正在发生的教学现象和问题进行调查，还可以对未来的物理教学发展动态和趋势的预测方面展开调查。调查不但可以在同一地点同时进行，而且可以在不同地点同时进行。尤其是问卷调查法发展得比较成熟，应用问卷调查法，不但节省人力、财力，而且能同时在不同地区进行大面积调查，获取研究对象有关方面的大量资料。

（三）实验研究法

实验研究法是在自然科学领域中广泛采用的一种研究方法，现在逐渐推广到社会科学研究领域。实验就是根据研究目的，运用一定的手段，主动干预或控制研究对象，在典型的环境中或特定的条件下进行的一种探索活动。物理教学论研究中应用实验研究方法，实质就是人为地控制物理教学过程中的某些因素，有目的、有计划、有意识地影响物理教学过程，达到认识研究对象本质、揭示其规律的研究方法。应用实验方法研究物理教学问题称作物理教学实验。一方面，实验对象是具有主观能动性的生命体，影响其变化的因素来自各个方面，而且比较复杂，往往会出现许多偶然因素，难以被考虑在内。另一方面，引起作用的某些相关因素也难以区别和分离，这些给人为控制某些因素造成极大困难。因此，物理教学实验的核心问题是如何控制所要研究的因素以外的其他各种干扰因素或变化因素，分离或突出某一因素对物理教学的影响。解决这一问题的有效方法就是巧妙构思，用科学的方法去设计实验。物理教学实验最常用的设计方法有三种——单组法进行实验、等组法进行实验（亦称为对照实验）、整组法进行实验（也就是综合以上两种方法进行实验）。

（四）逻辑方法

逻辑方法是指根据事实材料，形成逻辑形式（如形成概念、做出判断与推理、进行假设与论证等）的思维规律。逻辑方法主要包含抽象与具体，比较与分类，归纳与演绎，分析与综合，联想、类比与迁移等，这些逻辑方法之间也是互相联系的，而且，一次思维过程中，往往是各种逻辑方法的组合。物理教学论是以物理学、教育学、教学论、教育心理学等多门学科为基础的交叉边缘学科。它吸取和综合了多门学科的思想、观点、方法和内容，同时结合物理教学的特点形成了具有自身特色的理论。物理教育论和普通教学论的关系是一般与特殊的关系。它既有普通教学论的共性，又有其鲜明的个性。普通教育学、教学论的原理对物理教学论有积极的指导作用，这些特征决定了物理教学论的概念、规律与相关学科不可能发生相互矛盾。因此，以物理学和物理教学的实际特点为基础，根据相关科学的概念、原理和方法，运用逻辑推理的方法就能够对物理教学中的问题进行有效的研究。

物理教学论研究中常用的逻辑方法有归纳法、演绎法、分类法、类比法、判断法等。这里应当指出的是，逻辑方法是物理教学论研究中最常用的基本方法。但是，应用逻辑方法得出的结论，必须经物理教学实践的检验才能被确认为真知，这也是"实践是检验真理的唯一标准"的具体体现。

除上述基本方法外，物理教学论研究还有其他研究方法，如综合研究方法、量化研究方法等，本书不再一一进行介绍，有兴趣的读者可参照有关物理教育研究方法和教育研究方法等方面的书籍。另外，各种研究方法都有其相当严格的要求，并要求具备一定的知识、条件等，只有深刻领会了研究方法，才能正确自如地将其运用于物理教学问题的研究。

第四节　大学物理教学研究的意义和方法

物理学作为自然科学中的基础性学科，是大多数高校均开设的基础学科之一。物理学的发展直接影响一个国家的经济发展与科技发达程度，因此，高校物理学课程改革具有相当重要的意义。物理学这门学科与时代的发展密切相关，要想更好地在高校中建设科学的教学体系与教学规范，就要明确物理教学课程改革的重要性以及当下存在的问题。只有这样，才能对症下药，消除当下物理教学中不合理之处，选择更适合学生与教师的教学手段与方法，与时俱进。当今社会不仅需要专业性的科研人才，更需要具备多方面综合素质的人才，具体到物理学科而言，高校所专注培养的应该是具备独立思考精神与实践动手能力的综合型人才，因此，物理教学改革应该以此为目标，注重对于学生综合能力的培养。

一、物理教学研究的意义

物理是我国高校物理专业的一门必修课。对高校物理专业的学生、在职的物理教师以及从事物理教育的所有工作者学习和研究物理教学研究都具有重要的意义。

（一）深化物理课程与教学改革

物理课程与教学范式的转型，只有落实到课堂教学的层面，才能真实得以实现。而物理教师作为物理课程的实施者，需要实现理念的更新、师生角色的定位、教学方式的转变。在物理教学中，要实现这种转变，有赖于教师基于物理教学实践中的不断研究——教师参与物理教学研究，可以更好地认识到自己秉持着什么样的教育理念开展物理教学，可以在对平时的教育教学实践反思中探寻教育教学实践的新方式，从而促进物理课程与教学适应时代要求的改革与发展。

（二）物理教学实践活动需要物理教学论做指导

物理教学是一种有目的、有计划的实践活动，进行教学活动不仅需要教学方法，而且要讲究教学方法。一方面，同样的物理教材和学生，用不同的教学方法施教，会产生不同的教学效果。教学方法是否得当，不仅直接关系当前的教学质量，而且对学生形成良好的学习方法产生重要影响。另一方面，即便是同样的教学内容和学生，不同教师往往会做出不同的教学设计，采用不同的教学方式和方法。因此，物理教师必须综合所教物理知识内容、学生、教学条件、教学环境和教师本人特长等多方面的因素，采取适当的教学手段和方法，才能取得良好的教学效果，使教学效果达到最优化，才能提高物理教学质量。这个过程必须有正确的教学思想和理论做指导。物理教学论就是直接指导物理教学实践的重要知识和理论，所以，高校物理专业的学生、物理教师和其他物理教育工作者都必须学习、研究物理教学论。

（三）促进物理教师的专业发展，培养研究型教师

波斯纳曾提出一条教师成长的公式：经验＋反思＝成长。虽然这种说法失之偏颇，但它足以说明教师的成长离不开教学实践。教师只有把开展自己的教研、发表自己的见解、解决自己的问题、改进自己的教学作为教学研究目的，才能完成"在教育中研究，在研究中学习，在学习中发展"，亲身体验"研—做—思提升"这样一个循环往复、螺旋式上升的过程，完成从经验知识向理论性知识的转化。把教学研究与教师的日常教学实践、在职培训融为一体，使之成为教师的一种职业生活方式，促进教师专业化发展。基础教育新课程确立了教师即研究者的理念，教师为教学而研究，在教学中研究，在研究中教学，形成研究与教学之间的"共生互补"。实践表明，教学研究是培养教师学术精神、提升教师专业能力的大众化的职业活动。教师通过研究能够更深刻认识、理解、掌握现代教育教学规律和学习规律，从而自觉地运用到教学活动中。经过不断探索、反思、质疑和总结，改进教学的弊端，使教学更有效。事实上，很多教师，正是通过教学研究，使自己实现了由"教书匠"向"研究型教师"的转变。

（四）学习物理教学研究是社会发展和科学技术迅猛发展的必然要求

科学技术发展史表明，随着社会与人类文明的发展，文化科学知识在不断增长。进入 20 世纪之后，科学技术发展异常迅速，人类的文化科学知识总量急剧增加，科学研究成果从理论到实际应用的时间越来越短，新知识、新技术不断涌现，科学技术知识的更新不断加快。尤其是跨入 21 世纪，人类面对信息化的社会，进入了知识经济的时代。当今科学技术的发展日新月异，人们需要不断学习、终身学习，不断去更新自己的知识，才能适应知识经济社会发展要求。这就给学校教育提出了一个重要且亟须研究的课题：怎样进行学校教育才能培养出适应时代发展步伐，满足知识经济需要的各类建设人才。物理学科是学校课程的重要组成部分，要使学校的物理教学满足现代社会对教育的要求，必须研究学生在学校学习的有限时间内，让学生去学习哪些物理知识内容，学生以什么方式学习物理知识，物理教材如何编写，物理教学如何设计，采用什么样的教学方法才能培养出具有终身学习能力、适应现代社会发展的各类建设人才。这些都属于物理教学论必须研究并回答的问题。因此，不论是工作在教学第一线的物理教师，还是其他的物理教育工作者，要搞好学校的物理教育教

学工作，就必须学习研究物理教学论。高等师范院校物理专业的学生，是未来的物理教师或物理教育工作者，是振兴物理教育希望所在，因此，在校学习期间学习物理教学论就具有特殊的意义。

（五）从物理教学实际考察，学习研究物理教学论是物理教学实践的迫切要求

考察我国物理教师队伍的现状不难发现，由于种种客观原因，使得目前物理教师队伍的整体水平还不够高，主要表现在教师从事物理教学没有自觉地用物理教育思想和理论做指导，教师的教学往往具有盲目性。一般来说，除传授的具体物理知识外，教学并没有明确的具体目标。教师不研究，也不讲究物理教学方法，不了解或不完全了解物理教学规律，违反物理教学规律的现象是经常发生的。比如，有些教师不掌握，甚至不理解物理教学中传播物理知识、培养学生能力、教导高尚品格之间相辅相成的关系，教学中只考虑到传授具体物理知识，把物理知识当成现成的结论，而忽视知识形成过程，把物理教学看成教给学生现成的物理知识，而不是用物理知识来教学生。除此之外，教学中考虑讲授方面多，教师缺乏甚至没有对学生学习物理的方法进行有效的指导等。

（六）顺利实施新课程的基本保证

基础教育新课程使教师的教学方式、学生的学习方式发生了根本性的变化，这一切都要求教师加强教学改革与研究，以教学研究来推动教学改革，以教学来推进新课程改革。由此可见，扎实而有效的教学研究是实施新课程的保证。由于课程标准重视对学生所应达到的基本标准的刻画，而对实现目标的手段与过程，特别是知识的前后顺序和时间安排，不做硬性规定，这就给教师留下了广阔的研究空间。例如，教什么、用什么去教、什么时候教、怎么教等一系列的新问题都需要教师去研究。可以这样说，新课程"逼"出了教师对教学研究的"真参与"，因研究问题而苦、因解决问题而乐，通过对问题的研究与解决，探索实施新课程的策略，从而顺利地进入新课程。

当前面对知识经济时代和科学技术的迅猛发展，为了适应国际竞争、迎接挑战，世界各国都在开展教育改革，把教育放在优先发展的战略地位，新的教育思想、教育理念和观点不断涌现，面对这种形势，物理教师更应该不断学习、更新观念、提高自身的业务素质。物理专业知识和物理教学理论是构成物理教师业务素质的两个重要方面。因而，提高物理专业知识水平和物理教学理论水

平是提高物理教师业务素质的有效途径。就目前的教学实践而言，与物理专业知识相比，物理教师应具备的物理教学理论知识相当贫乏。所以，在职的物理教师只有通过学习物理教学论及有关物理教育方面的知识，才能够较快地提高物理教学的业务素质。高等师范院校物理专业的学生是即将跨入物理教师行列的新生力量，为了以后能够顺利地走上工作岗位，适应物理教学工作，在校期间必须认真学习物理教学论，只有这样才能成为一名合格的适应现代社会要求的物理教师，这也不难理解为什么我国要把物理教学论作为高等师范院校物理专业的必修课。

二、物理教学研究的学习方法

从上面讨论中不难看出，无论是作为一名物理教师，还是物理教育工作者，学习和研究物理教学论不仅是完全必要的，还具有十分重要的意义。只有掌握了物理教学论的理论、观点和方法才有可能成为优秀的物理教师或优秀的物理教育工作者。因此，高等师范院校物理专业的学生要想成为一名合格的物理教师，在校期间除了学习物理专业及其相关的课程之外，还必须学习物理教学论课程。那么，怎样才能学好物理教学论呢？这里向大家提出以下几条建议。

（一）培养学生的学习兴趣

兴趣是最好的老师，学生一旦对物理感兴趣了，就不愁学不好物理。知识是兴趣产生的基础条件，因而要培养学习兴趣，就应该进行知识的积累。特别是第一节物理课时，就应从培养学生学习兴趣出发，演示一些让学生非常感兴趣的实验，例如：用分光镜对着太阳光，照射到白色墙上，可以看到红、橙、黄、绿、蓝、靛、紫的彩色光带；用广口瓶做瓶吞鸡蛋实验；演示马德堡半球实验；纸片托水实验；手摇发电机小灯泡能发光实验；用大试管装满水，将小试管插到大试管的水中后倒立过来，随着大试管中水的流出，小试管不但没掉下去，反而逆流而上运动到大试管底部等。这些小实验能充分调动起学生学习物理的兴趣。

（二）正确认识学习物理教学论的重要性

端正学习态度，更加自觉地努力学习本门课程。对于高等师范院校物理专业的学生来说，经过了中学和大学阶段多年的学习，已经掌握了比较扎实的物理基础知识，这就为将来从事物理教学工作创造了基本条件。但是，学生们必须清楚认识到，自己学习和掌握物理知识与从事物理教学、把物理知识传授给别人是完全不同的两件事情。一个人牢固地掌握了物理基础知识，只是他能够从事物理教学的必要条件，而并非充分条件。物理知识本身并不能代替教师的物理教学理论、物理教学方法等方面的修养，更不能保证一个人一定能够很好地从事物理教学工作。况且物理教学本身就是一项极其复杂的工作，有它自身的特点和规律，其任务不仅要传授物理知识，而且要在传授知识的过程中培养学生的能力，开发学生的智力，对学生进行思想道德、情操等多方面的教育。总之，物理教学要为提高全民族的素质、全面完成教育任务发挥自己应有的作用。可见，要全面完成物理教学的任务，除了牢固掌握物理基础知识以外，教师还必须掌握物理教学理论和物理教学方法。因此，作为一名物理专业的师范生，要想成为一名合格的物理教师，在校学习期间，要充分认识学习物理教学论的意义和重要性，端正学习态度，自觉刻苦地学习物理教学论，努力提高自己的物理教学理论水平和物理教学方法的修养。

（三）密切联系生活实际，强调物理知识的运用

高校物理课程在讲授过程中，不仅是为了让学生在考试方面获得较好的成绩，还必须利用物理知识在生活、生产中获得更好的帮助，这样才能提高高校物理课程的可靠性、可行性。建议在今后的教学改革方面，有必要将高校物理课程，密切联系生活实际，加强物理知识的综合应用。首先，教师应带领学生，根据课本的相关要求，在户外采集一些材料或者进行开放性的实验，这样就可以对物理方面的各种反应、原理等，有一个深刻的认知，加强物理知识的生活化学习。其次，在物理知识的应用过程中，必须紧密结合科学研究和社会上的时事热点来完成。物理是一门非常生活化的学科，其可以在很多生活问题的解决上积极运用，应该多多给学生布置一些生活化的作业和探讨习题，让他们通过小组合作的模式来收集数据和信息，从而得到正确的结论，为日后的学习奠定好坚实的基础。

总之，高校物理专业的学生，在校期间学习物理教学论具有十分重要的意义。学生们一定要充分认识学习物理教学论的重要性，运用良好的学习方法，认真学习物理教学论，努力提高物理教学理论水平和物理教学方法的修养，为将来做一名优秀的物理教师奠定良好的基础。

第二章 大学物理教学原则与方法

教学原则是根据教育、教学目的，反映教学规律而制定的指导教学工作的基本要求。各门学科的教学，由于它们的研究对象、研究方法和教学对象的不同，都有各自特殊的内容、方法和活动方式。对于大学物理教学，除应该遵循教学过程的一般原则以外，还应遵循其特有的原则。要依据我们对大学物理教学过程的本质、特点和规律性的认识，从物理学科本身的特点出发，结合大学生学习物理的心理因素和认知结构，发挥现有的条件来组织教学活动。本章将对大学物理教学的原则体系做出相关阐述。

教师要教好学生，提高教学效率，就必须会教、善教。因此，教师应该重视教学方法的研究和改革，努力实现教学方法的现代化。这里将介绍一些常用的教学方法，并对如何选择教学方法做一些讨论，同时简明扼要地介绍几种常用的现代化教学手段。

第一节 大学物理教学原则

教学原则是依据已发现的教学规律和一定的教育目的，对教师和学生提出的在教学过程中必须遵守的基本要求。教学原则既是教学规律的反映，也是社会要求的反映。

大学物理教学原则既要反映普通学校教学的一般规律，又要反映大学物理教学的特殊规律。这些原则应该包括哪些，目前尚无定论。教学是一个有机联系的系统，系统中各要素之间和教学过程各环节之间是相互联系、密切相关的。教学原则体系要对教学各个方面提出一定的基本要求。每条教学原则要有所侧重，每条教学原则又要相互联系，从而组成一个有机的教学原则体系。根据我们的理论认识和实践经验，提出如下一些教学原则。

一、掌握科学知识与学生全面发展相结合的原则

这一原则既反映了教学的适应与发展规律，又体现了我们的教育方针和教学目的。大学物理教学应该让学生学习和掌握物理学系统的基本知识、基本理论、基本技能、基本方法。与此同时，要促进他们形成和树立辩证唯物主义的世界观，培养和发展他们优良的情感、个性、道德，培养和发展他们的智力和能力。

科学知识体系，不仅是人类智慧的结晶，凝聚了人们的思想感情、精神力量和认识方法，而且其本身具有教育影响的价值。若没有知识，其他方面的发展就成了无源之水、无本之木。其他方面的发展，反过来又会促进知识掌握的进一步扩展和深化。一般来说，知识的掌握对其他方面的发展有促进作用。但是，不能说有了知识，科学的世界观就会自然而然地树立起来，优良的情感、意志、个性、道德就会自然而然地形成，智能就会自然而然地得到发展。学生的全面发展，有赖于他们自身的努力以及教师有意识、有计划的引导和培养。在大学物理教学中，为了贯彻这一原则，教师必须做到以下三点。

（一）树立全面发展的教育思想

要认真学习和领会我们党的教育方针，切实克服只注重知识的传授、忽视全面发展的观点和做法。要根据辩证唯物主义，从系统论的角度，分析和理解教学任务各个要素的地位和作用以及它们之间的辩证关系，真正树立好全面发展的教育观念。

（二）加强物理学方法与技能的教学，提高学生的物理学科能力

知识是能力的基础，但知识不等于能力。教师在进行基础知识、基本理论的教学时，要注意加强物理学方法的教学，加强物理学科能力的训练。例如：在观察物理现象过程中，培养和发展学生的观察能力；在进行物理实验过程中，培养和发展学生的实验设计、操作及仪器运用的能力；在对感性材料进行分析、综合、概括、抽象的过程中，培养和发展学生正确的思维方法和思维能力；在讲授和运用概念、公式、定律时，培养和发展学生定量分析和运用数学的能力；在讲解例题和指导教学实践过程中，培养和发展分析问题、解决问题的能力；等等。

（三）把思想教育寓于知识传授之中

物理教学中的思想教育不应是外加的、附属的，应体现在物理教学内容本身和教学过程之中。物理学的发展从来就是和辩证唯物主义息息相关的。教师要善于在讲授物理概念、规律时有机地对学生进行辩证唯物主义的教育。例如：在实验定律的教学中向学生阐明知识来源于实践，实践是检验真理的唯一标准；在讲授牛顿第三运动定律时可阐明矛盾的对立统一性；在讲授热力学第一定律时可阐明自然界各种运动形式的辩证统一；在讲授相对论，说明牛顿定律的局限性时可阐明真理的相对性和机械论的世界观的错误；等等。同时可以有机地结合物理知识介绍有关物理学家的事迹，进行爱国主义教育以及追求真理、勇于探索、严谨认真等素质教育。

二、以学生为主体、教师为主导相结合的原则

这是一条反映教学双边性规律的原则，阐明了教学过程中，教师与学生这两个主要矛盾双方的辩证统一的关系。教师受过系统的专业训练，有着丰富的知识经验，在教育过程中，知之在先、知之较多，承担着"传道，授业，解惑"的重任；而学生知之在后、知之较少，为谁学、学什么、怎样学，都有赖于教师的引导，因此，教师起主导作用。但是，教师的"教"是为学生的"学"服务的。从学的方面来说，学生是认识的主体。教师"教"这个外因要通过学生"学"这个内因起作用。知识的掌握和能力的培养都必须通过学生自觉的、积极的努力才能得到实现，教师不可能越俎代庖。教学效果主要从学生身上体现出来，因此必须充分重视学生的主体作用。教师的主导作用主要体现在对学生发展方向的引导和学习内容、学习方法的指导上。为此，在物理教学中贯彻这一原则，教师应该做到以下四点。

（一）对学生进行目的性教育，提高学生学习物理学的兴趣

目的性教育应是多层次的，既要使学生确立远大的目标，又要使学生明确本专业的教学目标，乃至明确某门课程、某一单元、章节、课时的学习目标。要用各种方式激发学生学习物理学的兴趣，使外在的要求转化为学生学习的内在需要，使"要我学"转变成"我要学"。

（二）对学生进行学习方法的指导

学习方法是影响学习效果的一个重要因素，因此，教师不仅应当研究教法，而且应当研究学法，加强对学生学习方法的指导，使学生自己掌握学习的主动权。

（三）优化教学方法

课堂教学要少而精，采用启发式教学。讲课要突出重点、抓住关键、解决难点；既要教知识，更要教方法。思想上一定要明确，"讲"是为了用不着"讲"，"教"是为了用不着"教"。精心组织教学过程，使学生能够在教师的启发和引导下，通过动脑、动手、动口等实践活动顺利地完成认识活动中的两个"飞跃"。对低年级学生，可以"又扶又放"；对高年级学生，要以"放"为主，少做具体、细致的安排和讲解，多鼓励他们去独立学习、独立思考，绝不能"抱着走""包教包学"。

（四）尊重和爱护学生，发扬教学民主，建立良好的师生关系

教师决不能把主导作用误解为主宰作用，要爱护学生学习的主动性和积极性，对学生通过思考后提出的问题，要耐心地、有针对性地加以解答，即使所提出的问题是错误甚至荒谬的也不能讽刺、挖苦、训斥。教学上任何的简单、主观、专断、粗暴都是要不得的。

三、理论与实际相结合的原则

理论联系实际原则是指教学要以学习基础知识为主导，密切联系实际传授理论知识，训练基本技能，同时，注意引导学生运用知识，培养学生手脑并用和分析、解决问题的能力，做到学懂会用、学用结合、学以致用。它要求在教学中要正确处理间接知识和直接知识、理论和实践、理性认识与感性认识、讲与练、学与用、知与行的关系。因此，必须贯彻理论与实际相结合这一教学原则，使学生获得一定的、必要的直接经验，掌握比较完全的知识，养成理论与实际紧密联系的优良作风。另外，物理学是一门实验科学，物理概念的建立，物理定律的发现，以及物理学理论的形成和发展，归根结底，都是人类变革客观世界的实践结果，而且这些结果又指导着人类对客观世界的进一步变革。学生学习物理的目的，就是掌握客观世界变化的规律，从而更好地解决生产、生活中

的实际问题，进一步发展物理学。因此，在物理教学中必须贯彻理论联系实际这一原则。为了在物理教学中贯彻这一原则，教师应该做到以下三点。

（一）联系实际，讲清理论

讲清物理的概念、公式、原理和规律，有助于理论联系实际。这里所谈的联系实际，讲清理论，其一是指教师在讲授物理理论时，要结合学生的实际，要考虑到学生的实际水平和接受能力；其二是指在讲授理论时，要结合理论的实践背景及理论在当今生产、科研乃至日常生活中的具体应用。结合实际来讲授理论，有助于学生理解、掌握和记忆理论，又可以减少纯理论的枯燥无味，使授课变得更加生动有趣。

（二）上好习题课

习题课是学生在教师的指导下，通过运用知识解决事先设定的问题来培养能力的教育组织形式。习题课一般需要配合讲授内容的进度。习题课有助于学生巩固知识和培养相应的技能技巧，也有助于促使学生思考和培养认真、努力、刻苦等学习品质。教师讲解例题和学生解答习题，可以使学生对物理概念、公式、定律、理论理解得更深刻，培养其运用知识、分析和解决实际问题的能力。习题课所选用的题目，要尽可能典型化、多样化，不仅要有抽象化、理想化的题目，还应该要选一些源于生产、科研乃至日常生活中的题目。

（三）搞好实验教学，适当安排课外实践活动

实验教学是实践性很强的教学，必须充分重视。无论是演示实验还是学生实验，都可再现自然实际，使学生面对客观的物理世界，由此他们可以获得直接经验，并能提高自身实验技能、提高驾驭实际的能力。此外，还应当适当安排一些课外的实践活动，使学生直接接触生产和科研的实际工作，能较好地把间接经验和直接经验结合起来，把理论与实际结合起来。

四、教学与科研相结合的原则

教学与科研相结合是高校培养创新人才的重要途径。一方面，教学为科研明确了方向、提出了问题，也成为科研成果交流和讨论的平台；另一方面，科研则是教学的基础，如果教师没有扎实的科研功底和深厚的科研底蕴，教学内容没有来自长期科研工作所积累的科研成果做支撑，教学的质量是无法保证的，

创新人才培养就无从谈起。教学与科研是相辅相成、相得益彰的，教学是科研的基础和前提，科研可推动教学的发展和提高；教学是知识的继承和普及，科研是知识的扩展和深化。大学不同于普通学校，也有别于科研单位，大学的教学包含科研因素，科研也包含教学因素，这体现在以下几点。第一，教学具有科学的探索性。在传授知识时，除了要传授可靠的、正确的、有定论的知识外，还要给学生介绍一些目前还存在争论、尚无定论的学术重点和研究前沿课题，例如可向学生介绍现代各种粒子理论、宇宙形成的"大爆炸"理论、黑洞理论、磁单极子实验、引力波实验、第五种力实验等。第二，在教学计划中，安排学生去进行一定的科研训练，例如安排学生撰写毕业论文、毕业设计等。第三，教学研究是科学研究的一个领域，特别是对基础课来说，除了学科的专题研究之外，相当多的是属于教学研究，例如教材研究、教法研究、考试研究等。第四，科研成果除了向社会转移之外，还向教学转移，充实、更新教学内容，促进学科建设，改造老专业，发展新专业。第五，科研课题往往反映出培养人才的需要，特别是让学生参与的课题，不仅要考虑科研成果，更重要的还要考虑人才，让学生得到实际的锻炼，培养科学态度、科学道德和科学精神，提高科研能力。为了在物理教学中贯彻这一原则，学校应该做到以下三点。

（一）教学计划中要适当安排科研训练环节

除了在毕业学年安排集中的科研训练、撰写毕业论文、进行毕业设计外，平时也要分散安排一些科研活动，例如定期举办专题性科研讲座、举办学术节等。

（二）开设有关科学研究方法的课程

这门课程的教学内容可以包括科学研究的组织、安排和方法，科学实验的规划、设计与实施，科研材料和文献的收集、查阅、整理，科研课题的选择，科研论文的写作，等等。

（三）创设学习情境

教师在教学过程中，要有目的地创设或引入与教学相呼应的具体场景去吸引、感染学生，以引起学生情感体验，激发学生自我发现问题、提出问题并主动地研究问题。例如在课堂教学中，教师通过概念的定义、定律的论证、例题的讲解等，对学生进行科学方法特别是科学的思维方法的训练；可以结合有关教学内容，向学生介绍本学科的前沿动态，指出一些尚未解决的问题；可以结合课程中某些课题，让学生综述科学文献、撰写小论文；可以让学生进行一些设计性、研究性的实验等。

五、信息传递与反馈、调控相结合的原则

教学过程是一个可控的信息传递过程，是教师对教学活动的调节、控制与学生对学习活动的自我调节、控制相互作用的、复杂的信息交流过程。教学过程要实现可控、要朝预定目标顺利地进行，只有通过及时反馈信息才有可能做到。

为了在物理教学中贯彻这一原则，教师应该做到以下四点。

（一）要善于观察和了解学生

教师所获得的反馈信息，主要源于学生，因此，只有善于观察、了解学生，才能从他们的学习活动中获取相关反馈信息。根据教学目标与学生学习现状的差距，调整教学内容、教学方法、教学进度、教学要求等，采取更有针对性的措施，对学生的学习进行更有效的调节，从而使教学完满地达到目的。

（二）要注意信息反馈的及时性

教学实践证明，只有及时反馈才能不失时机地对教学活动进行有效调控，使教、学双方处于一种相互促进的良性发展机制之中，使教学在"平衡—不平衡—新的平衡"的矛盾运动中不断发展。教师不仅要从学生学习中及时得到反馈信息，还要及时地把学习的信息反馈给学生，使学生能对自己的学习活动进行自我调控。

（三）要尽量保证反馈的可靠性

不可靠的反馈不但起不到调控的作用，甚至会干扰原定的教学目标和程序，影响到整个教学控制活动的进行。为了保证能够得到可靠的反馈，教师必须让学生做实质性的输出，即对问题做实际的回答，同时要求教师提出具体的问题，切忌笼统地发问。如果教师讲完课后简单地问学生："会不会？"学生往往就不假思索地回答："会！"事实上，他们却未必一定会，或者是自以为是地说"会"，或者是不好意思说"不会"。

（四）要尽量保证反馈的准确性

信息反馈不仅要及时、可靠，还要准确。不准确的反馈使教师难以对教学活动进行有效的调控，同样会影响控制目标的实现。教师一定要准确地把握影响教学活动的因素，例如：学生哪些知识、方法掌握了？哪些知识、方法还未掌握？熟练程度如何？等等问题，教师必须心中有数，才能在教学的再输出中做有针对性的控制。

六、自主学习与科学探究相结合原则

教学方式对培养学生的素质有重要的作用，传统教学方式主要是接受性的，以传承知识为主要目的。这样的教学方式容易造成学生机械地、被动地进行学习，学生在"知识与技能""过程与方法""情感态度与价值观"方面的主体性发展就不可能了。因此，课程的实施要注重自主学习，提倡教学方式多样化，让学生积极参与、乐于探究、勇于实验、勤于思考。教师通过多样化的方式，帮助学生学习物理知识与技能，培养其科学探究能力，使其逐步形成科学态度与科学精神。"注重自主学习和科学探究"是物理课程实施过程中应当遵循的原则。物理教学要改变传统的、单一的接受性学习方式，要在教学中让学生学习科学探究方法，培养探究能力，即经历科学探究过程，认识科学探究的意义，尝试应用科学探究的方法研究物理问题，验证物理规律；具有一定的质疑能力，信息收集和处理能力，分析、解决问题能力和合作、交流能力。而自主学习与探究学习有着密切的联系，真正的探究学习本质上是一种自主学习，而自主学习也离不开对自己的学习目标、内容、方法的有效性的探究。应当说，大家对"注重学生自主学习"的提法似乎并没有什么相异的看法，但在实际的教学中能真正体现"注重学生自主学习"原则的并不多。物理课堂教学主要还是在教师主导下对预设教学方案的实施，教师满堂灌和学生被动听课的现象尚很普遍，学生自主学习的机会很少。以往我们对物理学本质的理解不完整，总以为物理学是一些知识或知识体系，缺乏对物理学本质上的认识。另外，探究不仅是物理学研究的方法，而且是物理学习的重要方法，还是物理学习的重要内容。在物理教学中如何真正做到"注重自主学习、关注科学探究"，是需要教师去认真研究和贯彻落实的。

（一）在思想上重视自主学习和科学探究

教师应在教育思想上对"注重自主学习、关注科学探究"的认识有所突破，真正认识到学生的物理学习是在教师指导下，学生主动参与对物理事物的反映过程，是一个自主的、探究的意义建构过程。作为认识对象的知识并不像实物一样，可以由教师简单地传递给学生，而是必须靠学生自主地去探究，并把建构的意义纳入自己原有的知识结构中，别人是无法代替的。

（二）循序渐进地培养学生自主学习和科学探究能力

学生自主学习能力和科学探究能力不是先天具有的，也不是经过某次教学活动后就可以一蹴而就地达到高水平的。教师要对一些探究的物理问题创设一些适宜的情境，引导学生在观察和体验后有所发现、有所联想，萌发出科学问题，并提供一些机会让学生运用科学方法去解决这些问题。即使是教师的讲解，也要给学生留有思考、探究和自我开拓的余地，鼓励他们主动地、独立地钻研问题。要指导学生掌握正确的学习方法，学会自学，学会自己归纳所学的知识和学习方法。鼓励学生独立思考，融会贯通，形成正确的知识结构。要在各种学习活动中有意识、有目的地培养学生独立地发现问题、独立地获取知识和应用知识的能力和习惯。

（三）引导学生主动学习

为培养学生自主学习和探究的能力，要引导学生去主动地参与学习。教师在教学组织的过程中，要研究学生的心理特征和认识规律，利用各种教学手段激发学生的学习兴趣，同时帮助学生树立学习的责任心，使他们以一种"我要学"的积极态度参与学习。

（四）建立平等的、民主和谐的教学情境

要鼓励学生主动地探索，大胆地发表不同的意见。要正确对待各种不同看法，特别是要正确对待少数人的看法、片面的看法，甚至是错的看法，要精心保护学生的学习主动性和积极性。

（五）尽可能增加学生的自主学习活动量

要积极研究多样化的教学方法，这些多样化的教学方法有一个共同的要求，那就是学生自主学习活动量要尽可能的大。要增加学生的自主学习活动量，就

要减少教师的低效或无效的教的活动量。教师要根据实际情况，因材施教，针对不同的学生提出不同的要求，使他们都能积极、主动、有效地学习和发展。

七、科学性、教育性与艺术性相结合的原则

物理教学必须实现科学性、教育性、艺术性相结合。物理教学的科学性就是：对物理现象、物理概念、物理规律的表述要准确，对物理实验、数据等的记录要真实，对实验及现代教学手段的运用一定要客观、恰当、准确，还要注意培养分析、处理物理问题的正确方法。物理教学的教育性就是：利用物理学中那些充满哲理性的内容，帮助学生去逐步树立辩证唯物主义的世界观；利用物理学发展中反映出的实事求是的科学态度、锲而不舍的进取精神、协作攻关的团队意识、科研成果的奉献品质等历史事实和事件，让学生受到人生观的熏陶，受到人文主义的教育，从而培养其良好的道德情操。物理教学的艺术性就是：充分挖掘物理学的内在美，几乎所有成功的物理结论，都含有充足的美学理论所要求的那种规律和形式的和谐统一，表现为物理学的简洁美、对称美、和谐美等；教学是一门艺术，物理教师在教学中要充分展示出教学语言的艺术性、情感表现的艺术性、启发思维的艺术性、培养情感的艺术性、组织教学的艺术性等，使学生在学习物理知识的同时，受到美的熏陶，体验到艺术般的享受。这对激发学生学习物理知识的兴趣、消除学习物理的畏难情绪、增强克服困难的信心和勇气、培养健全的人格都会起到良好作用的。

（一）语言的艺术性

教学主要是通过语言这一媒介进行的，语言直接影响学生对教学信息的接收和吸取。教师的语言应该做到准确、简洁、逻辑性强和有感染力。

（二）情态的艺术性

讲台就是教师的"艺术舞台"，教师既是"导演"又是"演员"，教师在讲台上的情态对教学信息的传递有很大的影响。国外有些心理学家在一系列实验的基础上，得到这样一个公式：教学信息的总效果 =7% 的文字 +38% 的音调 +55% 的形态、表情。当然这一个公式的准确程度还需要继续做实验加以检验，但教师的情态对教学效果的影响是不容置疑的。

（三）启发思维的艺术性

教学是否具有启发性是衡量教学艺术的一个重要标志。教学质量的高低并不决定于教师输出多少教学信息，而决定于学生能把多少教学信息转化为自己的知识、能力、思想等。在这里很重要的一点就是教师要启发学生思维，学生思想的转变、知识的掌握、智能的提高、情感的培养都不是靠教师的"灌输"和"注入"就能达到的。教师要循循善诱、勇于实践和及时总结，不断提高启发思维的艺术水平。

（四）培养情感的艺术性

人的情感是一种极微妙的东西，健康的情感能催人奋进、点燃智慧的火花；不良的情感能使人丧失意志、陷入歧途。教学过程不仅是知识信息的交流过程，还是师生情感信息交流的过程，知、情、智三者交融，互相影响。有些教师在教学上忽视情感的交流，不重视或不懂得培养学生健康的情感，这应引起注意。在教学上，教师应善于因势利导、以理动情、以情动情，要善于创造乐学的情境等。

（五）组织教学的艺术性

教师是教学的组织者和设计者，不仅要组织、设计"教"，而且要组织、设计"学"。把握教学大纲、处理教学内容、选择教学方法、制订教学方案等都能体现教师组织教学的艺术。组织得好的课，会让学生会心情愉快、思维活跃、余味无穷，既获取了知识，又发展了智能。教师应该有意识地在教学实践中，不断提高自己组织教学的艺术水平。

物理教学不仅要体现科学性、教育性、艺术性，还要把这三者有机地结合起来。过分强调科学性，就会不自觉地加深对物理知识学习的要求；过度宣扬教育性，可能使教师畏首畏尾，不能恰当地把握教学要求和目标；极度的艺术表现会使学生抓不住学习的主题，而留恋于教学形式，因此，必须正确把握三者的关系。一般地，科学性为教学的主线，贯穿于教学的全过程；教育性为教学的灵魂，渗透于教学的全过程；艺术性为教学的表征，伴随教学的全过程。

八、直观性与抽象性相结合的原则

直观性与抽象性相结合的原则是现代大学教学中常用的一项原则，它是由教学过程与认识过程的普遍性和特殊性规律所决定的，是教学中生动直观与抽象思维对立统一规律的反映。教学的直观性，就是要在教学中引导学生去直接感知事物、模型，或通过教师运用形象、传神的语言，丰富学生的直观经验和感性认识，使学生获得生动而鲜明的表象。人们的认识活动，就是从这些具体的感觉、知觉和表象开始的。毋庸讳言，现代大学生的专业经验和社会经验还很有限，教学的直观性可以使知识具体化、形象化，可以展示事物的内部结构、相互关系和发展过程，为学生的理解和记忆创造条件，促进学生实际操作技能和技巧的形成，提高学生学习的积极性。孔子在强调教学直观性的同时，提出了"学思结合"的问题。孔子认为"学而不思则罔，思而不学则殆"，学生应"视思明""听思聪""举一反三"，把学习和思考充分结合起来，培养自己的推理和归纳能力。在他看来，感性知识不经过个人的思考，不加以分析、综合、抽象、概括上升为理论，那么学习就会毫无意义和效果，就不可能提升学生的认识能力、应用能力，不能促进学生对知识的理解和巩固。可见抽象思维在教学过程中具有十分重要的作用。

这一原则要求教师在教学中，既要促使学生通过各种感观去具体感知客观事物和现象，形成鲜明的表象，又要引导他们以感知材料为基础，进行抽象思维，形成正确的概念、判断和推理。物理学是以实验为基础的科学，它要求物理工作者要具有非常敏锐的观察能力和很强的抽象概括能力。物理教学上正确运用直观性与抽象性相结合的原则，可以激发学生学习物理的浓厚兴趣和强烈求知欲；可以使知识易于理解和牢固掌握，提高教学效率；可以使学生形成鲜明的表象和精确的概念，培养他们对物理现象的分析、抽象、概括、归纳的能力。在物理教学中，为了贯彻这一原则，教师应做到以下四点。

（一）尽可能让学生亲自动手做实验

学生观察教师的演示实验，往往仍有存疑，若能让学生亲自动手去做实验，使他们有机会按自己的疑问调节仪器或参数、观察结果，将有助于消除学习障碍，也有助于激发他们的学习兴趣和求知欲，发展物理能力。

（二）引导学生在感性认识的基础上进行科学的抽象，使之上升为理性认识

利用直观教学手段可以丰富学生的感性知识，但要使学生切实掌握物理概

念和物理规律，就不能只满足于单纯现象演示、不能只满足于直观教学，而应该注意指导学生对感性知识进行逻辑加工，从现象中抽象概括事物的本质——物理概念和物理规律，并用这些概念和规律去解答一些有关的实际问题、解释一些物理现象，从而加深对物理概念和规律的理解。

（三）充分运用直观教学手段

利用直观教学手段，可以把物理知识形象化，使学生对所要研究的物理现象有一个生动、具体的感性认识。直观的教学手段很多，如实验、实物、模型、图表、幻灯、电影、录像等。电化教学有很大的时空优势，可以把长时间的过程压缩在很短的时间内显示出来，也可以把在广阔空间内发生的现象在不大的屏幕上展现，是一种直观性很强的现代化教育手段。

（四）既要注意从具体到抽象，又要注意从抽象到具体，培养学生的形象思维能力和抽象原理具体化的能力

从具体到抽象，再由抽象到具体，这是人类思维的辩证法。从思维科学的角度来看，物理学既是抽象思维的科学，也是形象思维的科学。物理学所反映的是一个形象的世界，其研究对象都是客观事物，大至宇宙天体、小至夸克微粒，物各有形。因此，在教学中必须坚持由具体到抽象，再由抽象到具体，努力培养学生抽象思维能力、形象思维能力和抽象原理具体化的能力。

九、重视知识元与重视物理知识结构相结合的原则

从系统论的角度来看，物理学是一个系统，应该被当成整体来看；它是一个有机体，其中的一个部分在远离它的其他部分并没有按要求运行时便不能发挥其功能。过去的物理教学，比较重视部分的、具体的知识教学，这是必要而且应该的。因为没有部分的、具体的知识，也就不存在整个物理学知识。但是，部分不等于整体，各部分的简单总和也不等于整个物理学知识体系，因此还应把握各部分具体知识的联系、把握整个物理知识结构。过去在物理教学上，教师往往只重视概念、规律等这一部分知识的教学，而忽视了物理学方法、物理学发展史等部分知识的教学；只重视知识的纵向联系，而忽视了知识的横向联系，这些做法都应该被加以纠正。在物理教学中正确处理部分与整体的关系，把它们辩证地统一起来，既重视各知识元素的教学，又重视让学生掌握整个物

理学知识结构，只有这样才能使学生从总体上把握物理学知识，以利于实现知识的迁移和创造性的物理思维。在物理教学中贯彻这一原则，教师应该做到以下三点。

（一）让学生全面掌握物理学知识

物理学知识可分为理论知识、实验知识、方法论知识和发展史知识。理论知识和实验知识是整个物理知识体系的核心，也是教学的主要内容；方法论知识是掌握整个物理知识结构的关键；发展史知识有助于把握物理学知识体系的现状和发展前景，因此不管缺少了某一方面的知识，都会影响学生的物理知识结构及知识整体功能。教师在物理教学过程中，应有目的、有计划地把方法论知识、发展史知识融汇于理论知识和实验知识的教学之中。

（二）既要让学生掌握知识的纵向联系，又要让学生掌握知识的横向联系

整个物理知识结构是一个立体的网状结构，只有掌握知识的纵向联系和横向联系，才有可能从整体上把握好物理知识。从中学物理到大学普通物理，从普通物理到理论物理，这是物理知识的深化学习。教师在教学中要特别注意知识的横向联系，例如让学生掌握质点力学与刚体力学的联系，统计物理学与热力学的联系，静电理论与静磁理论的联系，牛顿力学与相对论力学、量子力学的联系等。

（三）启发学生注意知识间的层次性、方法间的层次性以及两者的联系

知识、方法本身也是有层次的，应引导学生把握。例如，在许多现行教材中，力学的支柱是牛顿三大运动定律，而动量定理、动能定理、功能原理都是其推论；在静电学中，库仑定律、电荷守恒定律以及叠加原理是基础理论，而高斯定理、环路定理则是其推论。把握知识、方法的层次性及其联系，是开展物理学创造性思维活动所不可缺少的。

十、运用数学工具与把握物理实质相结合的原则

在物理教学中，教师应充分发挥数学方法和数学思维在处理、分析、表述

和解决物理问题中的作用，引导学生能自觉地、有针对性地将物理转化为数学问题，又能从数学表达式中深刻领悟其物理问题的内涵，且能运用数学方法解决物理问题。只有这样，才能使学生真正理解和掌握物理知识，并在这个过程中逐步提高学生分析和解决物理问题的能力。因此，在物理教学中，一方面要努力培养学生灵活使用数学方法，正确运用数学工具解决物理问题的能力；另一方面又要使学生能把握物理实质，突出物理内涵，体现物理特点，不至于陷入纯数学之中。为了在物理教学中贯彻这一原则，教师应该做到以下五个方面。

（一）物理概念

在讲述物理概念时，教师应讲清物理概念的物理意义，特别是对于用数学表达式给出的物理概念，要防止单纯从数学角度来理解，让学生把握物理概念所包含的物理本质。

（二）物理抽象

在进行物理抽象时，要注意让学生区分数学模型和物理模型，高度抽象是数学的基本特征，这种数学抽象表现为仅保留量的关系和空间形式而放弃了一般的具体现象，物理学的研究方法和对象则与数学有质的区别，它通过实践研究物理现象的一般规律，物理模型正是顺应这种需要，从真实物体中抽象出来，并经受实践的严格检验，因此，数学模型的高度抽象的共性与物理模型的一般抽象的特殊性、数学模型高度的思辨性与物理模型彻底的实践性、数学模型广泛的适用性与物理模型具体的局限性，都是它们本质属性不同的根本表现。

（三）物理公式

在讲述物理公式时，一方面要让学生能从数学上灵活、正确地加以运用，另一方面要使学生把握公式所蕴含的物理意义，把握公式所依附的物理现象或规律的客观实在性，把握公式的适用条件和应用范围。例如，对于牛顿第二定律的表达式 F=ma，要阐明其来龙去脉和物理意义，说明 F=0 时，a=0，但不能以此就直接认为牛顿第一定律是牛顿第二定律的特例。又如，物理公式中的正、负号与数学上的正、负号往往有本质的区别。还应注意，数学中任何等式恒等变形后其意义并未发生任何变化，然而在物理学中一些等式变形后其物理意义却往往发生了变化。

（四）定量处理物理问题

在定量处理物理问题时，要注意引导学生认识到：一方面同一个物理问题往往可以用不同的数学方法来解决，例如正弦交流电可以用三角函数表示，也可以用旋转矢量表示，还可以用复数进行表示；另一方面同一数学方法可以解决不同的物理问题，例如拉普拉斯方程能使物理学的稳定温度场、静电场、稳定电流场都得到满足。这就要求从物理问题的特点出发，选用恰当的数学方法，并注意不要被非本质的数学形式扰乱解决物理问题的思路、掩盖问题的物理本质。

（五）选用典型例题

在选用典型例题时，必须把物理思维放在第一位。对于一题多解的题目，最好选取可以用不同物理规律、原理求解的题目。所选例题的求解不一定难，但一定要充分发挥出物理思维的作用，使学生从具体的学习活动中体会到重视物理思维的必要性。

十一、物理课程教学与计算机多媒体技术整合原则

计算机多媒体技术的引入，使物理课程教学发生了深刻的变化，使物理教学手段变得更加丰富、生动和多样化。物理教学手段的多样化，不仅带动了物理教学组织形式、教学方法的多样化，而且可以促进物理教学过程信息交流的多元化、认知方式的多样化，最终实现物理教学目标的多元化。最显著的表现是它不仅增加了教学的信息量、拓展了教学的空间、大大提高了教学效率，而且由于多媒体技术的使用，使得教学过程更能激发起学生学习物理的兴趣，使得学生能加深对所研究物理过程的理解，较好地掌握物理知识。

第二节　大学物理教学方法

教学方法是为实现既定的教学任务，师生共同活动的方式、手段、办法的总称。它具有服务性、多边性、有序性三个主要特征。教学方法是教学过程中一个十分活跃的关键因素，对于完成教学任务、达到教学目的起着决定性的作用。在物理教学过程中只有正确地选择、恰当地运用教学方法，才能获得良好的教学效果。

一、物理教学方法概述

什么是方法？概括地来说，方法是指向特定目标、受特定内容制约的、有结构的规则体系。这样看来，"方法"这一概念至少有三个基本规定。第一，方法受特定价值观的制约，旨在实现特定目标。方法不是价值中立的、放之四海而皆准的，而是受特定价值观的制约并体现特定价值观，即使是自然科学方法，同样如此。方法是根据特定目标、为了实现特定目标而制定的操作系统和步骤，所以，方法具有目标指向性。第二，方法受特定内容的制约。哲学家黑格尔曾说过，方法是"关于内容的内在自我运动形式的意识"，就是说，方法不是任意规定的，它受特定内容（所作用的对象）的内在逻辑的制约，是特定内容的引申。也就是说，内容决定方法、方法受内容制约。第三，方法是有结构的规则体系。方法受特定目标的指引、受特定内容的制约，是基于对目标与内容的认识和理解的操作规范，所以，它是有计划、有系统、有结构的。

什么是教学方法？教学方法是指向特定课程与教学目标、受特定课程内容所制约、为师生所共同遵循的教与学的操作规范和步骤。它是引导、调节教学过程的规范体系。也可认为教学方法是在某种教学模式下，教师和学生为实现教学目标而采用的工作方式组成的方法体系，它既包括教师教的工作方式、方法，也包括学生学的各种方式、方法。

什么是物理教学方法？物理教学方法是指在物理教学中，在某种物理教学模式下，教师和学生为完成一定的教学目标而采用的一系列活动方式、方法的体系。

二、物理教学方法的本质

任何方法都是人们为了达到某种目的，在从事某项活动的过程中所采取的策略和途径。物理教学方法则是为了实现教学目标在物理教学活动中采取的教学策略和教学途径。我们都知道为了实现同一目标、达到同样的目的可以采用不同的策略和途径，因此教学方法不是唯一的而是多样的，我们平时所说"教定有法，教无定法"就是这个意思。对物理教学方法的本质认识，我们可以从以下四个方面把握它的本质。

第一，物理教学方法体现了特定的教育价值观，指向实现特定的物理课程与教学目标。有什么样的教育价值观，就有什么样的课程与教学目标，也就有什么样的教学方法。脱离了特定的教育价值观和相应的课程与教学目标，就无法选择也不能理解该教学方法。因此，要把握一种教学方法的本质，就必须着眼于它所体现的根本的教育价值观，看它究竟是指向怎样的课程与教学目标。另外，特定的教育价值观、特定的课程与教学目标也必须依靠相应的教学方法来实现和达成。

第二，物理教学方法受特定的物理课程内容的制约。物理教学方法的要素与规范要真正对物理教学过程起作用，还必须与特定的物理课程内容结合起来。这种结合反映了特定课程内容的内在要求，这是物理教学方法的具体化过程。物理学科的教学必须运用适合物理学科内容的思维方法、研究方法、研究手段。因此，物理教师要探讨并把握本学科的方法论特性。

第三，物理教学方法还受教学组织的影响。教学组织形式会直接影响教学方法的选择，例如，在个别化教学组织中就难以实施有效的集体讨论式的教学方法，而在班级授课组织中，采用自主型教学方法也要受到根本限制。反过来，教学方法也会影响教学组织，所以，教学方法与教学组织也是内在统一的。

第四，教学方法、教学方式和教学模式是三个不同的概念。教学模式是在一定教学思想或理论指导下所建立起来的各种类型教学活动的基本结构或框架；教学方法是在某种教学模式下所采取的工作方法体系；而教学方式则是教学方法的细节，教学方法是由许多教学方式所组成的。

由此看来，作为特定的教育价值观的具体化的课程与教学目标、课程内容、教学方法、教学组织，四者在动态交互作用中融为一体，这就是教学过程。

三、物理教学方法的基本类型

有经验的物理教师，其教学方法的构成是丰富多彩、千变万化的，总是包含着体现其个性特色的独创性因素。要形成独特的物理教学风格，物理教师必须对人类在漫长的历史发展中所形成的物理教学方法的基本类型有所了解。如从教师、学生、教材与环境三个方面交互作用的角度来审视教学方法，可以把纷繁复杂的教学方法归结为三种基本类型，即解释型教学方法、交往型教学方法、自主型教学方法。

（一）解释型教学方法

解释型教学方法具有其他教学方法、教学手段所不可替代的教育功能。首先，人是一种文化存在，在有生之年继承并发展人类在漫长的文明史中所积累的文化遗产，是一种人生使命。解释型教学方法能够使人在短时间内理解并接受大量的文化知识，适应个人与社会的发展需求。其次，解释型教学方法能够充分体现出教师的主体性和主导作用。教师对特定知识领域的理解程度、教师的语言能力、教师的教育艺术可以在解释型教学方法的运用中充分展现出来。实践证明，在许多场合，对于历史上与现实中的重大事件、伟人的形象与艺术品的描绘等，教师有条不紊地讲述要比其他方法来得有效。当教师通过富有感染力的语言表达其对特定教学内容的独特理解和真情实感时，学生会体验到难以忘怀的感受。最后，解释型教学方法也可以充分调动学生理智与情感的主动性、积极性。在认识、理解解释型教学方法时，不能把接受学习与机械被动学习等同起来，接受学习同样可以充分调动学生理智与情感的主动性、积极性。

（二）交往型教学方法

这类教学模式的模式主题是社会互动理论，强调教师与学生、学生与学生之间的互动与交往、对话与交流。其模式目标是培养与发展学生的社会性品质，诸如如何表现自我、如何倾听别人、如何与人交往等，并在这一过程中完成知识的学习与掌握、能力的培养与发展。这种教学方法的基本特点是教师和学生通过参与教学过程，教学过程能够调动教师和学生这两类主体的积极性。

（三）自主型教学方法

自主型教学方法是学生独立地解决由他本人或教师所提出的课题，教师在学生需要的时候提供适当帮助，并由此而获得知识技能、发展能力与人格的教学方法。这种教学方法最根本的特征是学生的自我活动在教学中占主导地位。学生的"自我活动性""自主性"是这种教学方法的核心。教师当然要为学生的自主学习提供指导与帮助，但其目的是使学生的自主学习、自我活动更加健康地进行，而不是要用教师的讲授代替学生的自主学习。近年来教学研究表明，只要运用恰当，自主型教学方法会获得各种积极的效果。

四、物理教师的教法

物理教师可以利用本学科有限的基本教学方法，根据具体教学情况加以选择或综合运用，从而创造出生动活泼的具体的教学方法。

（一）讲解法

讲解法是指教师运用口头语言进行教学的一种方法，此法通过教师的语言，适当辅以其他教学手段向学生传递知识信息，使学生掌握知识，启发学生思维，发展学生能力。讲解法在物理教学中是应用最广泛、最基本的一种教学方法，教学内容越系统，理论性越强，越适合于采用讲解法。它既可以描述物理现象、叙述物理事实、解释物理概念，又可以论证原理、阐明规律。讲解法从教师教学的角度来说是一种传授的方法，它能够充分发挥教师的主导作用，使学生能够在短时间内获得大量的知识信息。但使用这种教学方法时学生比较被动，不能照顾个别差异，学生习得的知识不易保持。尽管如此，在当今信息社会里，讲解法仍不失为最重要的教学方法。运用讲解法，教师要以生动、形象、富有感染力、说服力的语言，清晰、明确地揭示问题的要害。积极地引导学生开展思维活动，同时，要适当地利用挂图、板书、板画、演示实验等教学手段进行配合。教师讲的内容不仅包括结论性的知识，还包括相应的思维活动方式。教师在讲解知识的同时，要把自己的教学思路以及提出问题、分析问题和解决问题的过程呈现给学生。学生的学习，主要是按照教师指引的思路，对教师讲解的内容进行思考和理解，并从中学到一些研究问题、处理问题的方法。在物理教学中，运用讲解法应当做到以下几个方面。

（1）讲授要有系统性和逻辑性，要求条理清楚。推理合乎逻辑、层次分明、重点突出、详略得当、深浅适度、通俗易懂、生动有趣。切忌平铺直叙、艰深晦涩、空洞枯燥。要注意学生的认知心理，注意从已知到未知，从感性到理性。

（2）教师的语言必须清晰、简练、准确、生动，尽量做到深入浅出，通俗易懂，语言有抑有扬，语速快慢适度，要具有说服力、感染力和表现力。教师要全身心投入，以情感人，发人深思。

（3）教师的讲授要具有启发性，激发学生去积极思考、独立思考；要善于设疑、释疑。切忌一味灌输，把学生当成知识的容器，从而形成注入式教学。

（4）讲授中要注意引起学生的兴趣，调动学生的注意力，要善于提出问题，创设问题情境，引发学生的学习动机，激发学生的思维活动。

（5）符合学生的认知水平。讲解的内容应以优化的序列呈现给学生。在类属学习中，要遵循从一般到个别不断分化的认识路线呈现教学内容；对于总括学习和并列学习，教学内容的呈现则要确保系列化，遵循由浅入深的认识路线。优化的序列反映了知识本身内在的逻辑结构和学生学习过程的思维顺序，它能促进学生快速、有效地把教师呈现的内容化为己有。如果脱离学生的认知水平，那么学生已有的认知结构中就找不到适当的、可以同化新知识的观念，从而使新知识不能纳入学生的认知结构，便成为机械接受、机械记忆。

（6）突出重点。教师讲解的内容不能不分主次、平均用力，教师应善于抓住教材的重点、难点，但重点的突出不能靠简单、机械的重复叙述，而应该巧妙地运用变式，从新的角度、视野进行分析和阐述。

（7）具有启发性。讲解的启发性主要体现在激发学生的思维活动、调动学生学习兴趣和求知欲望。为此，教师的讲解不能平铺直叙、强行灌输，而要不断提出问题、分析问题、解决问题。疑问是学生开展思维活动的诱发剂和促进剂，它能够充分调动学生的积极性和主动性。

（二）角色扮演法

"角色"原是戏剧中的名词，是指演员扮演的剧中人物。它被引入教学活动中，其方法称为角色扮演教学法。角色扮演教学法是指学生在教师指导下根据教材内容中的人物要求扮演好相应角色，通过角色扮演活动加强对教材内容理解和掌握的教学法。在实际教学中，角色扮演常通过课本剧等形式表现出来。角色扮演法正是给学生提供体验真实环境的机会，让他们站在特定的角色立场上，将自己的行为态度及价值观和教师所赋予的行为态度及价值观进行比较，从而形成正确的科学态度及价值观。在学习有关电学知识后，学生能够了解自己家中的用电情况，思考节约用电和合理用电的方法。

角色扮演是将物理学的问题转化为与学生生活实际紧密联系的内容，学生在参与社会决策中，能自觉运用所学的物理知识去分析、判断，从而在扮演、体验和决策的过程中提高自己运用物理知识的能力，同时在科学态度与价值观方面也获得教益。

（三）演示实验法

演示法是教师在课堂上通过展示各种实物、直观教具，或进行示范性实验，让学生通过观察获得感性认识的教学方法。这种方法，一方面为学生提供学习物理概念和规律所必需的感性材料，创设物理情景，激发学生兴趣，培养学生的观察思维能力；另一方面对学生进行科学思维方法教育。演示实验时应注意如下问题。

（1）从教学目的要求出发。①如果用演示来引入课题，则要求实验尽可能新奇、生动、有趣，以激发学生对所研究问题的兴趣和求知欲望；②如果用演示帮助学生形成概念和认识规律，则要求实验能提供必要的感性素材，简单明了，尽可能排除次要因素的干扰，使学生建立正确、清晰的物理图像；③如果运用演示来深化、巩固、应用物理概念和规律，则应突出所选实验的启发思考性，以及理论联系实际的要求。

（2）现象明显、信噪比大。为此，仪器的尺寸应足够大，测量仪表的刻线应适当粗些，仪器的主要观察部件与背景之间的色泽反差比要大。对于某些微小的变化量，必要时可借助机械放大、光放大和电放大的手段。为提高演示的信噪比，应强化有用信息的刺激作用，尽可能调动学生多种感觉器官（视觉、听觉、触觉）在观察中的作用，以加深学生的印象。为使学生在感知的基础上能够顺利地进行抽象思维活动，实验现象应尽可能直观。

（3）多用自制教具和日常生活用品随手组装的"仪器"进行演示。这样做不仅仅是为了节省开支，更重要的意义在于可以消除学生学习物理、探索发现的神秘感，激发学生的学习兴趣，潜移默化地对学生进行创造性思维和良好品德的教育。用鸡蛋、气球、塑料瓶、易拉罐、玩具马达等可以做许许多多的演示。

实践证明，演示法不仅能理论联系实际，为学生学习新知识提供丰富的感性材料，而且能激发学生学习的兴趣、增强学习的效果。

（四）资料搜集与专题讨论法

在现代信息技术逐渐普及的大环境下，教学资源极为丰富。除了传统的图书馆资料查询，学生还可以通过上网来搜集与物理学科有关的各种信息资料。关于查阅文献资料，教师可告诉学生一些查阅的基本途径，比如期刊论文、专利、技术标准等直接记载科研成果。报道新发现、新创造、新技术、新知识的原始创作称为一次文献；将分散、无组织的一次文献进行加工、简化、压缩、整理形成目录、文摘、索引等，作为一次文献的线索的称为二次文献；在利用二次文献的基础上选用一次文献的内容，经过综合、分析而编写出来的文献，称为三次文献。一般从三次文献开始查阅，当从中查到一篇新发的文献后，从文献后边所附的参考文献为线索进行逐一追踪的查阅。物理课程的新理念包括：从生活走向物理，从物理走向社会；注意学科渗透，关心科学发展等内容。围绕这些理念，物理教学采用专题讨论。专题可以是学生尚未学过的某个物理知识内容，也可以是物理学与经济、社会发展互动专题，还可以是其他与物理知识相关学生感兴趣的专题。在物理教学中，资料搜集与专题讨论法应当做到以下几个方面。

（1）先由学生自主确定学习内容的专题，独立阅读文献资料，其中在教师指导下搜集资料，并结合自己原有认知对所获得的信息进行选择、加工和处理。然后学生进行小组讨论，参加讨论的每一名学生都可能就相同问题提出自己的看法，相互交流，从中获得比课堂教学更深一步的认识和了解最后以小组为单位形成专题研修报告。

（2）讨论前，教师要提出讨论的题目、思考提纲和讨论的具体要求。教师必须在熟练地把握教材内容、教学要求、学生学习容易遇到的困难和障碍的情况下，提出恰到好处的讨论题目。同时，要充分估量在讨论过程中会出现的各种情况以及准备如何完美地引导和解决问题的措施。一般应要求学生课前阅读教科书和有关参考资料，进行各种观察、实验，搜集资料，准备发言提纲。

（3）讨论时，教师要善于启发引导。既要鼓励学生大胆地发表意见，又要抓住问题的中心，把讨论引向揭露问题的本质。根据讨论的进程及时指出问题的重点和矛盾所在。

（4）讨论结束，教师要进行总结。对讨论中的不同意见要进行辩证地分析，做出科学的结论。也可根据情况，提出需要进一步探讨的问题。教师要正确评价学生的未来发展，应着眼于引导和鼓励。

资料搜集与专题讨论法在倡导发展学生自主学习能力和独立探究能力的今天，为许多物理教师所采用。

（五）读书指导法

读书指导法是教师指导学生阅读教科书和其他有关书籍而获取知识并发展智能的教学方法。此法有利于培养学生的自学能力和习惯，便于从学生的实际出发，有利于教师对学生个别指导和因材施教，是学生运用新课程倡导的自主学习方式时常用的方法。但这种教学方法也具有一定的局限性，它适于难度较小的章节或段落，有利于叙述性和推证性的知识内容，不利于培养学生观察、想象、操作等能力，限制了师生的情感交流与认知上的及时反馈。

在物理教学中，运用读书指导法应当做到以下三个方面。

（1）指导学生精心阅读教科书。要根据教学过程的不同阶段，指导学生采用不同的阅读方式：在传授新知识过程中，应指导学生独立阅读、提出问题、找出重点难点；在应用知识过程中，应指导学生依据教材消释疑点、抓住关键，以促使学生积极思考、深入探讨；在布置作业过程中，则应指导学生搞好预习、复习等。

（2）指导学生善于阅读课外读物。教师必须认真指导学生制订好阅读计划、选好读物，同时要教给他们阅读的顺序和方法，指导他们做好阅读笔记。

（3）要根据物理学的特点指导学生读书。与数学、语文等教材相比，物理教材有其自身的特点。从内容上看，教材中的概念，一般都有较严格的定义，许多概念和原理可以用数学公式来表达，而这些公式不仅反映出数量关系，还有一定的物理意义。此外，教材中还有大量关于物理实验的描述。从表述方式上看，有文字、数学和图表三种语言。即使是文字语言，在物理学中也往往有其特定的含义和习惯用法。所以，教师必须给予指导，使学生逐渐熟悉物理学的特点和物理学的表述方法、使学生学会阅读物理学书籍。

五、学生的学法

学生掌握物理知识与技能，完成物理学习任务的心理能动过程，就是学生的学法，它具有实践性和功效性。好的学习方法的形成要经过反复实践，并在良师指导下不断扩充和完善，而行之有效的学习方法会极大地提高学习质量。

（一）阅读与思考

物理学习是需要对教材和有关资料进行阅读的，而教材和有关资料上的文字符号往往是一维空间性质的信息，其图示、照片充其量是二维空间（或时空）的信息。现实中的物理研究对象大多是四维的，即三维空间和一维时间紧密相连的客体，而且它们在四维时空里不断发展变化着。学习者阅读时要按照其中文图叙述的逻辑顺序实现上述转换的逆转换，即将低维信息在头脑中还原成原本存在的高维信息。然而，不是所有的物理知识都能通过上述行为来活化和物化的，一些通过思维加工抽象的物理概念及规律，需要学习者也经历同样的思维过程才能领悟到其中丰富的内涵。因此，阅读与思考在物理学习中十分重要。物理学习中出类拔萃的学生，阅读时也能够比较全面地领会到其中的内容。比如，对新编普通高中物理教材，正文之外设置了许多小栏目，学得好的学生除了会认真阅读教材的正文之外，对各栏目也决不放过。另外，他还喜欢读物理方面的课外书。由于经常关注，他知道从什么地方能快捷、准确地找到自己需要的资料。面对众多类似的乃至书名相同的读物，他通过浏览书名、作者、出版者、前言和书中的目录，大体知道该书研究些什么、采用什么研究方法，是不是自己最需要阅读的，然后决定取舍。他还会将阅读获得的新知识与原有的旧知识进行比较，弄清它们之间的关系，以此加深理解；会通过实际应用检查学习效果，必要时重新阅读。

（二）记忆巩固

通过熟记达到巩固所学内容，这是大家熟知的。这里涉及图表记忆、谐音记忆、形象记忆、顺口溜记忆、联想记忆、系统记忆、类比记忆等巧记、妙记以缩短记忆周期的方法。需要强调的是：死记硬背的机械记忆对知识的巩固无益，在理解基础上的记忆才是科学的记忆。因此，记忆是为了巩固，这一目标要明确、意识性要强，而且要注意合理用脑。

（三）观察和实验

物理学是一门实践性很强的学科，其知识体系主要源于对物理对象的观察与实验。即使是抽象思维总结的内容，最终也需经受观察与实验等实践的检验，方能上升为物理理论。因此，观察与实验是物理学习与研究中非常重要的方法。需要注意的是，并非所有的物理现象及其规律都可以通过观察就能探究的。由于许多物理现象的发生和变化是与周围环境互相作用、互相影响的，要探究其物理对象的功能和属性，非经人为控制条件下的实验不可。实验可以活化和物化研究对象，可以创设问题情景，可以渗透物理思想和科学研究方法，可以培养学生动手操作能力、观察思维能力，甚至锻炼其意志品质。因此，不重视实验的学生就难以学好物理。正是由于勤于动手，物理学习优秀的学生在实验操作上才能显得熟练而从容，他就比别人拥有更多的时间去思考：如何确定实验目的、明确操作要求和步骤；如何选择实验原理表述和测量的方法、测量用的仪器设备；如何发现、分析和处理实验中出现的误差；如何应对可能出现的意外情况；等等。

（四）查漏补缺

通过检测发现知识点的遗漏和暂缺，进而建立卡片，搜集整理缺漏内容，如错解集、概念辨析本等，以随时提醒自己去理解和掌握遗忘、疏漏的知识。

（五）具有合作精神

为了更好地完成知识的建构，学习者有必要与别人讨论、协商、合作、竞争，进行多方面的接触，以使自己的认识更为准确、更加全面。物理学习出类拔萃的学生，无论是分组讨论或是分组实验，只要在认知上与同学发生碰撞，表现总是特别活跃，大胆发表自己的看法，认真倾听别人的意见，既坚持原则又尊重他人。当同学学习上遇到困难，要乐于交流自己的学习方法，因为在解答同学提出疑难问题的同时，自己的学习水平也会得到提高。通常情况下，物理优秀的学生更加具备合作精神。

六、物理教学的新方法

技术革命不仅扩展了学习赖以利用的时间和空间，而且改变了学习方式。因此，需要转换视角，重新理解教育中的技术，展开教育方式转变的研究。技术同样促进了物理教学新方法的出现。

（一）多媒体辅助教学法

多媒体计算机辅助教学，简称 MCAI（Multimedia Computer Assisted Instruction），它是将教学信息由多种媒体软件，通过人机交互作用完成各种教学任务，优化教学过程和目标。多媒体辅助教学可以创设图文并茂、动静结合、声情融会的教学环境，为教学提供逼真的表现效果，扩大学生的感知空间和时间，加深学生对客观世界的认识，能对学生产生多种感官的综合刺激，使学生从多种渠道获取信息，相互促进、相互强化，让学生处于思维活动的积极状态，是提高课堂教与学的质量、优化教学的科学选择，极大地改变了传统的教学方式、拓展了教学技术手段、提高了教学效果。在现在的课堂教学中，几乎每节课都需要多媒体辅助教学的参与，它大大丰富了学生的课堂内容、调动了学生的学习积极性与能动性。学生可以在使用多媒体教学的过程中自主学习，更大限度地发展物理思维能力。

（二）传感器实验教学法（DISLab 教学）

DISLab 是由"传感器＋数据采集器＋实验软件包（教材专用软件、通用扩展软件）＋计算机"构成的新型实验系统。该系统成功地克服了传统物理实验仪器的诸多弊端，有力地支持了信息技术与物理教学的全面整合。

开发和应用 DISLab，不仅仅是技术层面的提高，更是教育思想观念的进步。首先，传感器、计算机等信息技术设备都是物理学发展和进步的成果，将其应用到物理实验教学当中，本身就是开阔视野、与时俱进的举措；也为科学方法的培养和科学精神的塑造提供了鲜活的素材。其次，工具的发展是脑的扩展、手的延伸，是人类文明进步的阶梯。借助这样的系统，可以实现对物理现象的多角度感知和多视角探究，促进物理教学方法的发展。在物理实验教学中运用传感器系统，可以更好地适应新课程改革的要求，把传感器技术、计算机技术、数据采集和处理技术与物理实验教学结合在一起，创建一种科学探究的学习环境，满足学生的自主学习和合作学习的需求，培养学生的物理思维能力和问题研究意识，在合作学习中培养学生健全的人格。

用磁传感器对通电螺线管内的磁感应强度进行测量。打开软件，显示出数据表格和坐标。实验时每改变一次测量距离点击一次数据记录，得出不同位置的磁感应程度，并启动绘图功能，还可以改变电流方向，观察磁感应强度的变化情况，分析磁感线方向，结合线圈绕线方向，验证右手定则。该实验系统的自动绘图功能能使学生更容易通过实验学到物理方法并运用工具实现自己认为必要的研究，这将大大促进学生的自主学习能力和创新思维能力。DISLab 教学的引入为物理教学方法注入了新鲜的血液，将极大地提高物理教学效能、推进学科教育改革。

（三）仿真实验教学法

仿真实验教学是利用计算机模拟技术，结合专业实验特点，通过计算机仿真软件虚拟完成实验过程的一种教学方式，是一种崭新的实验教学手段，也是实验教学改革的发展趋势。仿真实验教学从现代教育技术角度出发，能够有效协调实验课时与技能训练之间的关系，为学生技能训练提供内容、时间、空间和人员保障。仿真实验呈现的教学内容可以是操作性实验、技能性实验、基本操作实验、综合性实验、课内实验、课外实验或开放性实验。因此，仿真实验的教学内容能够包括各层次的实验，体现多元化和层次性。实验教学的最终目的是培养物理思维能力和实验操作技能，要达到这个目标，就必须充分调动学生的实验积极性。仿真实验教学是利用现代教育技术与专业教学相结合，计算机、网络技术和动画设计本身具有很高的趣味性，能够有效地激发学生的学习兴趣。在仿真物理实验中，教师和学生双向控制、共同使用和操作计算机软件，鼓励学生探索和自主学习，使学生既能近距离接触实验，又能自我设计和展示实验，锻炼思维能力，减少实验中的不可控因素。

（四）MBI 教学法

MBI 教学即模型建构式探究教学（Model-Based Inquiry），它把科学探究视为一种以运用证据发展和修正解释模型的过程，将学习科学知识、发展探究能力和增进科学本质理解融为一体。随着新技术和科学理论的发展，科学哲学界对观察本质的认识已经从"感官感知"转变为"理论驱动"。也就是说，观察具有理论渗透性而非客观中立，在观察中看到的东西取决于观察者已有的经验背景。对科学观察本质的重新审视引发了人们对科学知识本质的新思考。当前，科学知识不是被实验证明了的既定真理，而是人类建构的、基于证据的解释模型成为科学哲学界的共识。与此相呼应，模型建构式教学提出探究应着眼于"思想"的建构、检验和修正，即依据对真实世界的观察形成关于物体、过程和事件的一系列假设性关系，这一过程往往就是模型的建构过程。模型建构式探究教学的教学环节包括以下内容。

（1）设定 MBI 的基本参数，即待研究的关键现象，并且它可以依据因果关系予以解释，还要建立现象和学生兴趣及经验之间的联系。

（2）教师提供学生课程资源及相关经历（如观看视频或者演示实验）以促使学生形成初步的模型。

（3）生成假设。引导学生提出模型中变量间的潜在联系，而不是简单的预测。所提的假设要能促进对现象的理解，并允许竞争性假设及模型存在。

（4）寻找证据。教师提出如何收集数据以检验模型，如何识别所观察现象的规律或关系等。师生通过对话明确假设可以有多种方式检验。

（5）建立论证。学生阐述对现象的可能解释，要以数据为证据将描述发展为解释，学生认识到其他可能解释的存在，阐述其初始模型是如何根据证据而改变的。

模型建构式探究教学认为，只有学生在探究中不断建构、使用、评价和修订模型，解释自然现象，才能建立起科学知识具有可检验性、可修正性、解释性、推测性和生成性的本质特征。以发展和理解自然界运作方式的解释作为探究目的的模型建构式教学，比以寻找自然界规律作为探究目的的科学方法式教学，更有利于学生认识科学知识的本质特征。

七、物理教学方法的选择与运用

（一）选择教学方法的意义

在实际教学中，教师能否正确选择教学方法，成为影响教学质量的关键。教学方法对教学效果有特别重要的影响。同样的教材，让知识水平相当的教师使用，由于教学方法上使用的得失，其教学效果往往不尽相同，要取得良好的教学效果，就必须讲究教学方法。教学工作绝不是简单地照本宣科，都要从实际出发，所选择的教学方法，都应促进师生之间的相互交流，激发学生的学习兴趣，引起积极的思维活动，有利于学生掌握知识、发展智能，提高学生思想品德素质，有利于学生科学素质的发展和提高。

（二）教学方法的选择

随着教学改革的不断深入，又会有许多新的有效的方法产生。因而，在实际教学时，教师能否正确选择教学方法就成为影响教学质量的关键问题之一。教学方法的选择是有客观基础的，不能单凭主观意向来确定。选择教学方法的依据至少包括以下五个方面。

（1）依据教学目的。要选择与教学目的相适应的能够实现教学目的的教学方法。对教学方法的选择直接起着导向作用的是具体的教学目标，即由总的教学目的、教学任务分解出来的每个学期、单元、每节课的具体教学目标。每一方面的目标都需要有与该项目标相适应的教学方法。因此，为了选择最佳教学方法，教师必须懂得有关目标分类的知识，要能够把总的、较为抽象的教学目标、教学任务分解为具体的、可操作的教学目标，并根据这些目标来确定用何种教学方法进行教学。

（2）依据学生的实际情况。教学方法的选择还受到学生的个性心理特征和所具有的基础知识条件的制约。对不同年龄阶段的学生需要采用不同的教学方法，在初中阶段，应广泛采用直观法，而且要不断变换教学方法，这样有助于学生保持对学习的兴趣和积极性；在高中阶段，宜于更多地采用抽象、独立性较强的教学方法，如讨论法、实验法、问题探讨法、演绎法等。除了个性心理特征上的差别外，学生已有的知识基础和构成的方式也是千差万别的，这对教学方法的选择也有至关重要的影响。

（3）依据教材内容。应依据具体教材内容的教学要求采用与之相适应的教学方法，因为一门学科的内容是由各方面内容构成的内容体系，在这一体系中，不同的内容又具有不同的内在逻辑和特点，可以根据内容的特点选择不同的方法，如归纳法、演绎法、探索法和讨论法等。

（4）依据教师的特点。教学方法的选择还要考虑到教师自身的素养和条件，适应教师对各种教学方法的掌握和运用水平。有些教学方法虽好，但教师使用不当就不能产生良好的效果，甚至还可能出现适得其反的作用。教师的个性也会影响他们对教学方法的使用，例如，有的教师擅长生动的语言表达，可以把问题的事实和现象描绘得形象、具体，由浅入深地讲清道理；有的教师则善于运用直面的内容，也包括发展认知技能、认知策略方面的内容，还包括培养态度方面的内容。因此，为了选择最佳教学方法，教师必须懂得有关目标分类的知识，能够把总的、较为抽象的教学目标、教学任务分解为具体的、可操作的教学目标，并根据这些目标来确定用何种教学方法去进行教学。

（5）依据客观条件。有些学校教学设备充足、实验室宽敞，则可以选用学生一人一套器材做分组实验的教学方法；有的学校设备不足，就应该采用几人一套仪器的教学方法；有的学校有多媒体，并且每个教室都能够上网，则可以实现信息技术与物理教学的整合。如果没有多媒体设备，就要采用传统的投影仪等教学手段。

（三）教学方法的运用

选择了适当的教学方法，还要能够在教学实践中正确地运用。为了在物理教学实践中正确运用教学方法，需要做到以下几点。

（1）要娴熟、正确地运用各种基本方法，发挥其最佳功能。掌握基本方法是对每位教师的基本要求，只有掌握了这些最基本的教学方法，才有可能掌握新的、更复杂的方法，才有可能创造出新的教学方法。基本的教学方法都具有相对的稳定性，即每一种教学方法都是由教师活动的方式和学生活动的方式以及信息反馈系统构成，要发挥其功能就要有其自身固有的、相对稳定的结构。而每一种方法的使用模式则是多种多样的，是随着教师、学生和教学条件的变化而变化的。教学方法功能的发挥决定于学的方式和教的方式是否协调一致。就一种方法而言，应选择与教学目的、教学内容、学生的特点和教师本身的特点最符合的模式，尽可能去获得较满意的效果。

（2）善于综合运用教学方法。在教学过程中，学生知识的获得、能力的培养，不可能只依靠一种教学方法，必须把各种教学方法合理地结合起来。为了更好地完成教学任务，教师在运用教学方法时要树立整体的观点，注意各种教学方法之间的有机配合，充分发挥教学方法体系的整体性功能。

（3）坚持以启发式教学为指导思想。教学中的具体方法是很多的，但不论采用什么方法，都必须坚持以启发式教学为总的指导思想。启发式是指教师从学生实际出发，采取多种有效的形式去调动学生学习的积极性、主动性和独立性，引导学生通过自己的智力活动去掌握知识、发展认识能力。

第三章　大学物理教学设计

物理教学设计是指以物理教学过程最优化为目的，在一定的教学思想、教学理论的指导下，根据学生学习和心理发展的实际情况，系统地分析和诊断物理教学问题、确定物理教学目标、设计有效的教学策略、制订教学方案、试行教学方案、评价教学方案的试行结果、修改并完善教学方案的全过程。

第一节　大学物理教学设计的内容与方法

一、物理教学设计的主要环节

大家对教学设计主要有哪几个环节的问题、有不同的看法，但是大家普遍地将分析教学需求、制定教学目标、选择教学策略、开展教学评价等看作教学设计过程的四个基本环节。也就是说教学设计主要是在对需求、目标、策略、评价这四个基本环节之间的相互联系和相互制约进行分析的基础上完成的。为了简洁、概括地反映教学设计的主要环节，可以将教学设计过程的各个主要环节之间的关系用流程的形式来描述，如图 3-1 所示。

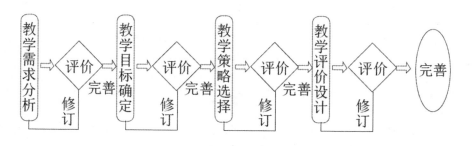

图 3-1　物理教学设计的基本环节

物理教学设计的各项工作之间是有密切联系的。首先，前期分析是教学设计的基础，任何教学设计过程都要建立在对学习需要、教学对象、教学内容等方面充分而准确分析的基础上。其次，教学目标就是在前期分析的基础上，明确学生要完成的学习任务，拟定学生要达到的学习目标。而这些教学目标既是教学过程的出发点，也是教学过程的归宿。最后，为了有效达到教学目标，就要对如何选择学习内容和学习方法进行设计、对有助于高效益实现学习目标的教学策略进行设计、对学习活动需要的教学手段进行选择。

另外，为了保证整个教学设计的有效性，就要根据前期分析和教学目标，对教学设计通过评价并进行修订，制定出完善的教学设计。

二、物理教学设计的内容

物理教学设计的内容主要包括六个方面：教学任务分析、教学对象分析、教学目标设计、教学策略设计、教学媒体设计和教学评价设计。

（一）教学任务分析

对教学任务进行分析不仅要求对所要学习的内容在物理学知识体系中所处地位的分析，还要求对所要学习的内容在学生发展和实现学校培养目标方面作用的分析；对学生应学习哪些知识、技能及态度，即确定学习内容的范围与深度的分析；对所要学习内容中各项知识与技能关系的分析，为教学程序的安排奠定基础。

（二）教学对象分析

在教学设计中，学生是核心。学生学习新知识前所具备的知识和技能、所持的态度与了解程度是教学成功与否的重要因素。因此，对教学对象进行分析是教学设计的基础。我们理应分析学生在学习新知识前所具有的一般特征，确定学生的初始状态，注意学生认知结构的特点，了解学生的准备状况。

（三）教学目标设计

在对教学任务和教学内容进行分析的基础上，还要对课时教学目标进行设计和编写。教学目标应说明学生学习后的结果，并以具体、明确的术语加以表述，在教学活动前，必须把教学目标明确地告知学生，使师生双方都明确教学目标，做到心中有数，以使教学、学习活动有的放矢。一个完整、具体、明确的物理教学目标应包括行为对象（教学中学习的主体是学习者）、行为动词（所使用的表达学习目标的行为动词要具体准确，尽可能使之具有可评估、可理解的特点）、行为条件（影响学习者产生学习结果的特定的限制或范围）和行为程度（教学所要达到的最低标准或水平）。

（四）教学策略设计

物理教学策略是指在物理教学目标确定下来以后，根据一定的物理教学任务和学生的认知特征、情感特征以及动作特征，有针对性地选择与整合相关的物理教学活动、教学方法以及教学组织形式，并计划和安排好日常教学时间，形成具有效率意义的实际教学方案。物理教学策略设计是物理教学设计中非常重要的环节，包括教学活动的安排、教学方法的选用、教学组织形式的选择和教学时间的安排四个方面。

（五）教学媒体设计

教学媒体是承载和传递信息的载体，指在教学过程中教师与学生之间传递以教学为目的的信息所使用的媒介物，是众多教学材料的总称，它包括语言媒体、文字媒体、图表媒体、幻灯投影媒体、影视媒体、计算机多媒体系统等多种类别。教学媒体在物理教学中变得尤为重要，不可或缺。

（六）教学评价设计

物理教学评价设计是解决物理教师教得怎样、学生学得如何等问题的。物理教学评价是根据一定的标准或指标体系，运用各种有效的方法和手段收集有关的信息，对物理教学活动效果、物理教师教学效果和学生学习效果进行价值判断的过程。进行物理教学评价首先要选择被评价对象，通过多种方式收集物理教学评价所需要的资料，其次采用分析、归纳和综合等手段或数学统计方法进行整理和解释，最后形成一份物理教学评价报告作为对整个物理教学设计的判断和反馈。设计者再根据反馈信息去修正和完善物理教学设计。

三、物理教学设计的过程

针对不同类型的知识特点，物理教学设计的具体方法和步骤会有所不同，但进行设计的总体思路应该是完全一致的。其可以从明确目标、把握内容、制定策略与方法到权衡利弊，即从教什么和为什么教、怎样教、教得怎样几个方面入手，形成各层次的教学系统，基本步骤如下。

（一）确定单元教学目标

教师开始对物理教学进行设计时，要求对本课程的教学目标做到心中有数，然后根据教学目标的要求，结合教学内容制定出单元教学目标。

（二）明确单元教学内容

这一步工作是把握教学内容的分类，明确这些内容是由哪些要素构成的、要素和要素之间的关系是如何构建的，从而把握教学内容和它的层次结构以及为了达到最终目标所需掌握的从属技能。

（三）学生学情分析

只有从学生的实际情况出发，才能在教学过程中有的放矢。因此，教师必须根据教学任务，分析学生学习新知识所必须具备的原有知识基础和能力，以及学生学习新知识所需要的情感准备，确定教学的切入点。

（四）问题分析

根据教学任务和学生学习的情况，确定单元教学的重点和难点，分析单元教学的基本要求，确定单元的课时分配计划。

（五）确定课时教学目标

通过上述分析，即可制定详细的课时教学目标。由于教师必须根据课时教学目标选择和组织教学内容、设计教学策略和方法，并根据教学目标来评价教学效果，因此课时教学目标必须是确切而具体的。

（六）选择教学策略

教学策略的选择要立足于学生的实际情况，符合学生的认知规律，注重理论与实践相结合，充分发挥学生的主动性和创造性。

（七）选择教学方法和媒体

教学方法和媒体的选择要充分利用学校的现有条件和周边的有利环境，注意发挥教师自身的特长，注重教学方法的优化组合。

（八）设计教学过程

应当用系统、科学的方法来指导教学过程的设计，合理地安排教学过程结构，使教学过程的各个环节协调紧凑、一气呵成，让教学系统的整体功能得到最大限度的发挥。

（九）教学评价

对所制订的教学方案的可行性以及实施后的效果，做出客观的、实事求是的价值判断，是教学系统设计的归宿。通过教学评价，知道可能会获得的教学效果，使其更为完善、更具有实施价值。

第二节　大学物理探究式教学设计

一、物理探究式教学模式的设计概述

物理探究式教学设计是基于某些物理课堂教学模式而进行的。教学模式是把教育教学理念贯彻于教学实际的中间纽带，因此，它必须兼顾理论和实践两方面的内容。物理探究式教学模式多种多样，下面展示几种常见的探究式教学模式的设计。

（一）指导型探究教学模式设计

指导型探究教学模式旨在将探究教学和传统教学的优势进行整合，它可以很好地用于建立某些特定的概念和规律。这种模式在操作时的难度，体现在教师参与度的控制上，即教师如何指导学生的探究。

（二）开放型探究教学模式设计

开放型探究教学模式中教师参与程度最小，是以学生自主探究为核心的一种探究模式。它包括五个基本特征：①学生围绕具有科学性的问题展开探究活动；②学生获取可以帮助他们解释和评价具有科学性问题的证据；③学生从证据中提炼出解释，对具有科学性的问题做出解释；④学生通过比较其他可能合理的解释，特别是那些体现出科学性理解的解释来评价他们自己的解释；⑤学生交流和修正他们所提出的解释。

（三）循环探究教学模式设计

循环探究教学模式的主要特点是教师传授核心知识，学生通过应用该知识或理论实现对问题的理解。循环探究教学模式不仅能够帮助学生形成概念及概念系统，还能够培养学生的认知发展。该教学法对消除学生的错误的概念、培养学生的思维能力和探究能力，有持久的作用。

（四）自探共究式教学模式的设计

自探共究课堂教学模式体现了科学探究的意义：学生主动参与知识的形成过程，并从中获取新知识、掌握方法，成为知识的"发现者"和"应用者"。在自探共究式教学模式过程中，要求教师注意如下问题：①教师在讨论过程中，应认真专注地去倾听每位学生的发言，仔细注意每位学生的神态及反应，以便根据该生的反应及时对其提出的问题进行正确的引导；②教师要善于发现每位学生发言中的积极因素（哪怕只是萌芽），并及时给予肯定和鼓励；③教师要善于发现每位学生通过发言暴露出来的关于某个概念或认识上的模糊或不准确之处，并及时用适合于学生接受的方式予以指出（切忌使用容易挫伤学生自尊心的词语）；④在讨论开始偏离教学内容或纠缠于枝节问题时，要及时加以正确的引导；⑤讨论的末尾，应由教师（或者学生自己）对整个协作学习过程做出小结。

自探共究教学模式的实施关键在于教师设计教学过程时要先充分了解哪些是学生已知的知识点、哪些是未知的知识点、哪些是能启发后掌握的、哪些是学生自己无法理解的，然后寻找探究点，再针对性地设计问题、设计具体探究过程。

（五）探究——研讨教学模式的设计

探究的目的除了是让学生了解探究过程和探究方法外，最终是要得出某一科学的结论。只倚重过程会影响学生进行有意义的知识建构，这就背离了本模式的初衷；而只倚重内容就会失去探究的根本意义。

二、物理探究式教学设计的评价

物理探究式教学评价是物理探究式教学主要的、本质的、综合的组成部分，贯穿于探究教学的每一个环节，它提供的是强有力的信息、洞察力和指导，旨在促进学生探究技能的发展和自主学习能力的提高。物理探究式教学设计评价主要是形成性评价，目的是获得教学设计方案的成功或失败的反馈信息，帮助教师对教学设计方案做出进一步的修改，提高教学设计方案的质量，真正实现教学过程的优化；其就教学评价而言，是对学生学习的过程及其结果的评价。构建促进学生全面发展的物理探究式教学评价指标，首先要明确评价内容，在物理探究式教学评价中，要对三维教学目标加以综合考虑。

第三节　大学物理基本课型教学设计

一、物理概念课教学设计

概念是"反映对象本质属性的思维形式"，它具有高度的概括性和抽象性。人类要认识自然、改造自然，掌握事物的本质，就必须运用概念并不断地发展与深化概念。只有切实掌握基本概念并以此为基础，才能起到扩大和加深基础知识的作用，才能使学生获得进一步探索知识的主动权。

（一）物理概念的特点

概念是反映客观事物本质属性的一种抽象。物理概念是人们在认识自然界物理现象的过程中逐步形成的。物理概念不是物理学家主观臆造的东西，而是基于观察和实验事实之上的，揭示事物物理本质和内在联系的理性认识。因此，要进行物理概念教学，首先要认识物理概念的特点。

1.观察、实验与科学思维的产物

物理概念是物理对象的本质属性在人的头脑中的反映，是在观察、实验的基础上，运用科学的思维方法，排除片面的、偶然的、非本质的因素，抓住一类物理现象共同的本质属性，并加以抽象和概括而形成的。在物理概念的形成过程中，感觉、知觉、表象等是基础，科学思维是关键。例如，天体在运行、车辆在前进、机器在工作、人在行走等，尽管这些现象的具体形象不同，但我们依然会发现一个物体相对于另一个物体的位置随时间在改变。于是，我们把这个从一系列具体现象中抽出来，又反映着这一系列现象本质特征的抽象叫作机械运动，机械运动就是一个物理概念。

2. 具有确定的内涵与外延

物理概念和日常用语不同，它的内涵有明确的定义，外延也有确定的范围。物理概念的内涵就是指概念所反映的物理现象、物理过程所特有的本质属性，是该事物区别于其他事物的本质特征。物理概念的外延则是指具有该本质属性的全部对象，即通常所说的适用范围。

3. 具有量

物理学是严密的定量科学，许多物理概念是定量反映客观事物本质属性的。然而，也有许多物理概念，表面上看来是定性地反映客观事物本质属性的，而实际上，它们也有量的含义。

（二）物理概念的研究方法

物理概念是抽象思维的起点，又常常是科学思维的成果。在探索更新物理概念的过程中，蕴含着许多人类认识自然研究问题的方法。

1. 理想化法

影响物理现象的因素往往复杂多变，实验中常可采用忽略某些次要因素或假设一些理想条件的办法突出现象的本质因素，以便于深入研究，从而取得实际情况下合理的近似结果。

2. 观察法

观察法是在对自然现象不加控制的情况下，对自然现象进行考察，获得感性认识的主要手段。它对物理学的研究与发展起着重要的作用。在物理概念的教学中，要注重培养学生的观察意识，使其在观察中捕捉到有效信息，认识事物的本质属性。

3. 数学法

数学法也是物理学中研究问题的重要方法。建立概念、推导规律、论证问题、运用知识都离不开数学。如建立瞬时速度的概念，需要用到数学上取极限的方法；电场强度、磁感应强度、速度、电阻等概念的建立都用到了数学上的取比值的方法。离开了数学法，很多物理概念的特点就不可能从量的角度被精确地反映出来。

4. 实验法

实验法是根据人们设计的实验方案，在实验过程中人为地控制自然现象，排除一些次要因素的干扰而突出所要观察的因素。物理概念与实验法有着密切的关系，如弹簧受拉力的作用而伸长，弹簧的伸长情况则取决于外力的大小、弹簧的粗细长短，甚至从表面上看弹簧的伸长还与弹簧的颜色有关。但是在这些因素中有的是主要的，有的是次要的，有的甚至是毫不相干的。在教学中我们设计了一个实验，即抓住问题的主要因素，只研究弹簧的弹力和伸长量之间的关系。实验先用悬挂钩码法给出对弹簧施加的拉力，再用直尺显示弹簧的伸长量，正是借助这样的探索实验才使学生建立了劲度系数的概念。

（三）物理概念教学设计过程

通常，物理概念教学设计大体可分为四个阶段：概念的引入、概念的导出、概念的明确和概念的巩固。

1. 概念的引入

概念的引入就是为了让学生理解将要讲述的概念的重要性和引入的必要性。作为一节课的开始，这个阶段一定要激起学生的学习兴趣或者好奇心，进而产生学习动机。一般都是以提出问题的形式展开，让学生参与探讨，而这个物理问题要根据学生已具备的知识、经验和心理认识，结合物理概念的特点选取不同的角度提出。

2. 概念的导出

从提出问题到得出结论需要一个过程，这就是解决问题的过程，对概念讲述课而言，其实就是概念的导出过程，在早期的概念教学中，应充分考虑概念引入的方法技巧，并且要针对全体学生的总体水平循序渐进；在中期则要引导学生利用学过的方法来导出概念；而在后期就可以放手让学生自己去做这些工作。

3. 概念的明确

导出概念之后就要将已经获得的关于反映现象和过程的本质属性用简明而准确的语言或数学公式表述出来。在讲述概念的时候，如果不引导学生扩展对概念的认识、不分析它与其他概念之间的关系，就有可能造成学生对概念理解的片面性，既不利于正确掌握和运用概念，也不利于培养学生的综合能力。

4. 概念的巩固

概念的巩固是指学生把所建立的概念牢牢保持在记忆里，不断丰富概念的内容，发展物理概念的外延，并能顺利应用概念分析和解决物理问题。一般的深化巩固都采用练习的方法，即针对概念给出一些习题，让学生在做练习的过程中能够不断熟悉和巩固概念。另外，也可以通过让学生设计趣味实验、用文字描述、制作表格、画流程图等多种形式，对物理概念学习过程和学习方法进行总结，这既能帮助学生更好地巩固概念，也能培养学生的总结和归纳能力。

二、物理规律课教学设计

物理规律反映了物理现象和过程在一定条件下发生、变化的必然趋势，揭示了物理现象和过程中各物理概念之间的必然关系，它反映了物质运动变化的各个因素之间的本质联系，揭示了事物本质属性之间的内在联系。

（一）物理规律的特点

1. 简洁性

物理定律绝大多数是通过数学公式去定量地把定律的内容表示出来，这就为物理学成为精确的定量科学打好了基础。伽利略说过，宇宙这部书是用数学语言写成的。数学语言具有简明、精确的特点，它抛开具体内容，只涉及抽象的数量关系，使数学公式表达的物理定律达到了真和美的统一。

2. 客观性

物理规律是自然界客观存在的，不以人的意志为转移。物理量之间的关系是相对稳定的，当具备物理规律所给定的条件时，由物理规律所描述的现象或过程就必然发生。

3. 近似性

物理规律从实践中总结出来后，就可以用它来解释有关的物理现象和预言在某种情况下会有什么物理现象发生。但是物理规律是对自然规律的近似反映，并非完全逼真和绝对无误，也就是说物理规律的深刻性和普遍性是有限的。

（二）物理规律的产生机制

物理定律的形成是一个复杂的创造性思维过程，不可能将形成过程归结为一些机械的步骤，也不只是一种或几种形式逻辑的推理方法就能把它们构建出来的。需要有归纳、类比、抽象，又需要有假说、分析、综合，还需要有直觉、灵感、顿悟。物理规律的形成过程千差万别，这个定律可能主要靠归纳获得，那个定律可能靠类比获得，而另一个定律可能主要靠直觉和顿悟获得。不过，万变不离其宗，物理规律的发现还是有一定规律的。

1. 通过物理现象观察与数据分析发现规律

例如，开普勒在对大量观察数据进行整理分析的基础上，设想出了行星运动可能的轨道和各种形式，在此之后他将每一种行星运动的形式与观察到的事实进行比较，发现只有椭圆轨道与观察的事实相符，即他在观察的基础上主要依靠对比方法，建立了开普勒三定律；牛顿在观察、分析大量物理现象后主要依靠归纳方法得出了牛顿定律。

2. 通过科学实验发现物理规律

认识自然规律是一项长期而艰巨的工作，必须依靠大量而又周密的科学观察和精心设计的科学实验，才能得出科学的结论。如同普朗克所说，物理学定律的性质和内容都不可能通过单纯的思维来获得，唯一的途径是致力于大量的自然观察，尽可能先收集到最大量的各种经验事实，并把这些事实加以比较，然后以最简单的、最全面的命题总结出来。

3. 在部分实验基础上高度数学化发现物理规律

物理规律的发现主要依靠观察和实验，这就是物理学家们坚持的实在论哲学观，但是依据部分实验结果再通过高度的数学抽象，得出源于实验却高于实验的理论预见，最终又被后人的实验所证实。这样的理论发现只是属于少数远远走在时代前面的科学天才。

（三）物理规律教学设计过程

在进行物理规律教学设计的过程中，教师在把握基本的规律教学设计理论的同时，应特别注意以下几点。

1. 创设情境

情境创设的形式是多种多样的，对于任何一个物理规律的教学，没有最好的情境创设，只有各具特色的情境创设。无论教师采用何种情境创设的方式，一个成功的情境创设必须是紧密结合学生的前认知进行的。

2. 过程完整

物理规律教学虽然没有固定的程序，但是其教学的基本过程应包含创设情境，形成问题；实施探究，促进建构；运用规律，解决问题。

第一，创设情境，形成问题。为了形成科学问题，教师需要有效地创设问题情境，即充分展示相关的物理现象，激励学生进行观察与思考，引导学生大胆地提出问题、筛选问题、最后确定出所要认识和解决的科学问题。所创设的情境应该要贴近学生的生活和社会环境，真实、可感，并尽量能够激发学生的好奇心和求知欲。

第二，实施探究，促进建构。问题形成后物理规律教学就进入对问题的"定性探讨与定量研究"阶段。既要重视定性探讨，也要重视定量研究。定量研究为学生探究规律创设典型的物理情境，在探究过程中恰当地体现科学探究的要素，灵活设计和安排学生的猜想、计划、操作、推证、评价、交流等活动，有效地促进学生的"探究—建构"过程。另外，要明确表述物理规律认识的成果，可采用启发方式给学生思考和讨论的机会，并尽可能做一些拓展以加强物理科学方法、科学本质的教育。

第三，运用规律，解决问题。教师要及时引导学生运用规律，在新情境中解决新问题。教师需要选用一些难度适当、与实际相联系的问题，以及一些适当的新情境问题，通过示范、师生共同讨论，引导学生主动参与到问题解决的过程中来，丰富和发展对物理规律的意义建构。同时，教师要认识到运用物理规律解决问题是一个长期的过程，要根据物理规律的重要程度以及问题的难度，与后续的习题教学、复习教学统筹规划，有序安排。

3. 规律教学的实施

新课程标准要求下的现代物理教学逐渐突出两大基本特征：探究性和建构性。探究、建构的教学模式可以有效地帮助学生变革学习方式，激发学生学习兴趣，促进学生主动性，培养学生收集、分析、处理信息的能力，增强学生的合作意识，同时改变了教师的教育观念和教育行为，进一步深化了新课程改革。

三、物理实验课教学设计

随着新课程改革的实施，实验教学遇到了新的问题。现有的物理课程标准（实验）没有具体规定哪些知识点需做什么演示实验，哪些知识点需做什么内容的学生实验，以及这些实验需要使用什么仪器，实验的总课时是多少，等等。这就给我们提出了一系列新问题，如怎样去选择实验内容，怎样引导学生进行实验等。

（一）物理实验的目的

大学物理实验是高等学校理工科学生进行科学实验基本训练的一门独立的必修基础课程，是学生进入大学后受到系统实验方法和实验技能训练的开端，是理工科类专业对学生进行科学实验训练的重要基础。学生通过物理实验课的学习，不仅可以加深对物理理论的理解、获得基本的实验知识、掌握基本的实验方法、培养基本的实验技能，而且对培养其良好的实验素质和科学世界观等方面，都起着非常重要的作用。因此，学好物理实验课是非常重要的。

学习物理实验的目的如下所述。

（1）学生通过对物理现象的观察、分析和对物理量的测量，加深对基本物理概念和基本物理定律的认识和理解。

（2）培养与提高学生的科学实验能力。这些能力包括通过阅读教材和资料，能概括出实验原理和方法的要点，正确使用基本实验仪器，掌握基本物理量的测量方法和各种测量技术；正确记录和处理数据，判断和分析实验结果，撰写合格的实验报告，以及完成简单的具有设计性内容的实验等。

（3）培养与提高学生的科学实验素养。要求学生具有理论联系实际和实事求是的科学作风，严谨踏实的工作作风，主动研究的创新探索精神，遵守纪律、团结协作和爱护实验仪器及其他公共财产的优良品德。

（二）物理实验教学功能

物理实验教学具有以下功能。

1. 培养学习兴趣

利用新奇有趣的演示实验，可以激发学生的新鲜感，培养学生初步的学习兴趣。例如，将气球压在钉子床上，使压力的作用效果实验奇妙有趣；吹乒乓球、声波的波形、声波传递能量等实验都能够激发学生的学习兴趣。

2. 提供感性素材

通过实验展示物理现象和变化的过程，特别是学生在日常生活中难以见到的或者是与学生经验相抵触的现象和过程，使学生获得丰富的感性材料，为建立正确的概念、认识规律奠定基础。

3. 体验过程

体验性是现代学习方式的突出特征，通过实验进行科学探究正是让学生自己动手实践，在实践中体验、学习，并获得解决问题方法的一种新教学方式。通过科学探究，改变学生只是单纯从书本学习知识的传统方式，让学生通过自己的亲身经历来了解知识的形成、发展和应用过程，从而丰富学生的学习经历，学习科学地研究问题和分析问题的多种方法，形成尊重事实、探索真理的科学态度。只有在反复经历了一定的过程后，才能真正掌握到科学的方法。实验是培养学生能力的向导，通过实验可以培养学生多方面的能力，如观察能力、实验操作能力以及创新性思维能力和实践能力等。

4. 学会合作

交流与合作是非常重要的，而物理实验能够为生生、师生的合作交流提供广阔的空间和舞台。把物理实验仅仅作为一种教学手段或作为理论知识教学的辅助工具是远远不够的，物理实验在进行实验知识教学、技能教学和素质教学等方面有其丰富的内容，因此物理实验应当在教学目标和教学质量评估等方面均有所体现，并要具体落实到教学措施和各个环节中。

5. 接触科学真实

接触科学真实就是要在物理学中让学生像科学家那样亲自去探索科学原理。物理教学应在教师指导下，让学生去实践、去探究，自己去获得结论，这就是让学生接触科学真实的具体体现。

6. 培养科学精神

实验是科学的研究方法，要求学生具有实事求是、认认真真的科学态度，尊重客观事实，忠于实验数据，不能有丝毫的弄虚作假行为。同时，实验要求学生善始善终，具有不怕挫折、坚韧不拔地追求科学的精神。通过不断地科学探究，学生逐渐形成严肃认真、实事求是、尊重客观规律的良好思维品质，这些只靠课堂上老师的一味讲解是绝对不可能实现的。

（三）物理实验教学的基本程序

物理实验是学生在教师指导下独立进行和完成的。每次实验学生都必须主动获取知识和实验技能，绝不仅仅是测出一些实验数据。如果还能进一步去领悟实验中的物理思想方法，那将受益更大。要达到物理实验课的预期目的，就必须做好物理实验课的三个环节。

1. 课前预习

每次实验能否顺利进行并有所收获，很大程度取决于课前的预习是否认真和充分。预习时要仔细阅读教材，明确实验要求，理解实验原理和方法，了解实验内容以及实验仪器的工作原理和使用方法。有条件的话，可到实验室对所使用的仪器进行预习，并了解注意事项。最后在阅读理解的基础上，写出书面预习报告。预习报告的内容包括实验名称、实验目的和要求、实验原理和公式（简述）、实验内容、数据记录表格等，对于不清楚的问题也可写上。

2. 课堂实验

这是实验课的主要环节。到实验室后要遵守实验室的规章制度，不会用的仪器不要乱动。

实验开始前，教师一般会做简要讲解。学生应认真听，领会重点、难点，对实验中的注意事项以及容易失误的地方要特别仔细。

实验时，首先安排好仪器的位置，以方便操作和读数为原则，合理布局。其次是对仪器要进行必要的调节，如水平调节、垂直调节、零位调节、量程选择等。调节时要细心，切勿急躁。测量中碰到问题，自己先动脑筋，实在解决不了的，请老师帮忙解决，对电学实验，连好线路后先自查，再请老师去检查，正确无误后才能接通电源。

测量时，将数据整齐地记录在数据表格中，应特别注意有效数字。环境条件（如温度、气压、湿度）也要一一记录。实验中遇到异常现象也应记录，以便进行研究和分析。测量结束后暂不动仪器，请老师检查数据，如有错误和遗漏，则需要重做或补做。待老师在原始数据上签字后，再整理好仪器离开实验室。

3. 实验报告

书写实验报告的目的是培养学生以书面形式总结工作和报告科学成果的能力。实验报告要求文字通顺、字迹端正、数据完整、图表规范、结果正确。实验报告要用学校统一的报告纸撰写，要求字体工整、文理通顺、图表规矩、结论明确。实验报告包括以下内容。

（1）实验名称、实验者姓名、实验日期。

（2）实验的目的和要求。

（3）实验原理和公式。简明扼要，注重物理内容的简述，数学推导从简。以自己做完实验之后的理解进行整理，不要只是照抄教材。

（4）实验仪器型号、参数。

（5）实验内容及主要的仪器调节。按实验内容写清实验的主要步骤，以及观察到的物理现象，采用哪些实验方法测量了哪些物理量。

（6）数据记录与处理。将原始记录数据转记于实验报告上（原始记录也应附在报告上，一并上交，以便教师检查）。数据处理要写出数据计算的主要过程，且对结果要进行误差分析；绘制图表时要规范、正确。

（7）讨论分析。对影响本次实验的主要因素进行讨论，应采取哪些措施以减小测量的不确定性。对实验观察到的现象给予必要的解释，对实验有何建议、有何体会，最后回答必要的思考题等。

（四）物理实验的主要方式

物理实验主要有演示实验、边学边实验、学生分组实验和课外实验四种方式。

1. 演示实验

演示实验是指在课堂上主要是由教师操作表演的实验，有时候也可以请学生去充当教师的助手或在教师的指导下让学生上讲台进行操作。演示实验作为教师的示范表演，应在科学探究方面起表率作用，渗透科学探究思想教育。在课堂教学的不同阶段，演示实验所起的作用各不相同。在引入新课时，可以选择有趣、新奇的演示实验，以创设生动的科学探究情境，激发学生的探究欲望；在物理概念、规律教学中，可与学生共商演示实验方案，为探究提供丰富的感性素材，使学生形成鲜明的物理表象，针对学生的前认知，展示与学生经验相抵触的实验现象，激发他们的认知冲突，并将其转化为探究的动力。

2. 边学边实验

边学边实验是指学生在教师的指导下边学习、边做实验的课堂教学形式。在传统的物理教学中，通常会安排一些以验证性实验为主的学生分组实验（如验证机械能守恒定律），这些实验着重于提高学生对物理知识的理解，训练学生运用仪器和处理实验数据的能力。在实验的教学处理中，教材对实验目的、器材、原理和步骤等都做了规定，学生仅仅是照章办事，难以体验探究的生动过程、难以体会到实验设计中的科学思想和方法。边学边实验不仅能活化学生学到的物理知识，而且能引导学生像物理学家那样用实验方法得出物理结论，让学生从中学习科学的研究方法。在新课教学中，教师可以根据教学内容的需要，为学生提供一些实验器材，让他们通过自己的实验探究来学习知识。边学边实验不仅能够调动学生的积极性，突出学生在课堂学习中的主体作用，避免出现满堂灌讲授的教学现象，还能提供更多的机会来训练学生的实验技能和科学研究方法。另外，学生进行课堂实验探究，是在教师设疑、启发和引导下进行的，能够有效地培养学生的思维能力和创造能力。

边学边实验是物理课堂教学的一项改革。这种教学形式的运用场合可以是让学生初次认识和使用某个实验仪器，也可以是通过再现某个实验现象和事实来说明物理概念，或者是让学生通过实验探究得出物理规律等。由于学生动手做实验不可能都能顺利进行，于是要求教师课前做好充分的准备，精心设计可预见的教学环节。教师对实验难度的大小、仪器的安全和复杂程度等方面都要有所了解，在课堂上要恰当地掌握实验时间，发挥教师的应变能力，以便更有效地完成教学任务。

目前，物理课程的教学目标加强了对学生科学探究能力的要求。不同版本的物理教科书在内容安排上，都充分考虑了课堂探究实验，让学生在实验探究过程中学习知识、培养能力。课程改革的教学实践表明，对于理论课教学中所涉及的简易实验内容，教师采用引导学生边学边实验的方法，就是一种极为有效的教学方式。

3. 学生分组实验

分组实验是指在教师的指导下，学生整节课时间都在实验室里做实验的教学形式，又称为实验课。学生分组实验是由学生操作仪器、观察现象、测量和记录数据以及处理实验结果的过程，学生在教师的指导下独立获得物理知识和实验技能，它是使学生能够在知识和能力、过程与方法、情感态度与价值观三个维度上得到综合训练的重要途径之一。

4. 课外实验

课外实验一般是指按照教师布置的任务和要求，学生课外利用一些简单的仪器或自制器具独立进行观察和实验的活动。课外实验可以扩大学生的知识领域，使学生能够将自己所学的理论知识联系生活实际。同时，可以培养他们的独立工作能力和运用知识的能力。开展学生课外实验成功与否的关键还在于有效的组织安排。教师应该要求学生写出观察和实验报告，培养学生严肃认真的科学态度，并且通过各种形式对学生课外实验进行评价，不断深化和丰富课外实验成果。

（五）物理实验须知和守则

为了培养学生良好的实验素质和严谨的科学态度，保障学生的人身安全和实验课的正常秩序，特做以下规定。

（1）每次做实验的前一周按老师要求的时间，到实验室进行 1 小时的实验预习，并在下周实验课之前写好实验预习报告。预习报告按教材中的要求完成，没有预习或预习不好的，实验教师可做出处理决定，甚至不允许做实验。

（2）迟到 15 分钟以上或无故旷课的，不能做实验，本次实验以零分计，不再补做。若有事或生病，要有证明而且要在做实验前与实验课老师取得联系，安排补做，否则，不予安排。

（3）实验时要带预习报告和上次实验的实验报告，缺一不能做实验。

（4）实验的原始数据由教师核查、签名后有效。交报告时将原始数据附在报告中。实验完毕要整理好仪器、打扫完卫生，方可离开实验室。

（5）做电学实验时，要将电表电压调至"0"，所有开关全部断开，然后按原理图接线，接好线路后先自查，再请老师检查，正确无误后方可通电。

（6）每次实验成绩实行百分制。预习 15 分，实验操作 40 分，实验报告 45 分。

（7）学期末实验课的总成绩为"平时成绩（60%）+ 考试成绩（40%）"。

（六）物理实验教学的新趋势

近年来，物理实验从内容到形式都发生了较大的变化，呈现出以下一些新的变化趋势。

1. 微型化

微型化实验同常规实验相比，具有仪器简单、材料少、省时省力、现象明显的特点。微型实验的器材来源广泛，学生做实验时可以人手一套。在实验教学中，学生通过自制仪器和动手做实验，既训练了动手能力、培养了创新思维，又增强了自信心、体验了成就感，较强的参与意识及微型实验内在的魅力，大大地激发了学生进行物理实验的兴趣。由于微型实验一般源于生活、用于生活，因而能极大地激发学生对物理的学习兴趣，有效提高课堂教学的质量。

2. 趣味化

物理实验具有动机功能，可以激发学生的物理学习兴趣，这是人们的共识。人们创设了"趣味实验"这一新的物理实验形式，并注意积累、总结、梳理已有的一些做法，使趣味实验能够系列化、多样化。如有关"热"的实验：摩擦生热、纸盒烧水、温水沸腾、压缩点燃等，既易做，实验效果又明显，趣味性很强。

3. 生活化

现代社会的文明进程与物理学的发展息息相关，人们本身就生活在物理世界之中。因此，贴近生活、贴近社会成为物理实验教学改革的出发点和落脚点。为此，人们创设了一些新的物理实验形式，如"生活中的物理实验""家庭小实验"等，以此使学生认识和理解物理科学对个人和社会的作用和价值，在潜移默化中对学生进行"科学中的生活"和"生活中的科学"教育。

四、物理习题课教学设计

习题课教学是物理教学的重要形式之一，可以帮助学生巩固、深化所学的物理概念、规律，提高学生解决物理问题的能力，增强解题的自信心。一般而言，物理习题课安排在重要物理规律建立之后或某一单元新课教学完成之后。

物理习题课的教学设计必须精选习题，习题的编排要有层次性、连贯性。教学中要做到讲练结合，注重培养学生的思维方式和解题方法，让学生获得成功的体验并调动学生学习的积极性。

（一）习题课教学的目标

第一，帮助学生理解基本概念和掌握基本规律。对于物理学中的许多基本概念和规律，学生的理解往往只停留在字面上，这样就难以深入透彻地理解和掌握知识。若恰当地组织学生解答一些相关的习题，他们就会综合已有的知识寻找各个概念和规律之间的区别和联系，了解这些物理概念的内涵和外延，进一步了解物理规律的内容和适用条件。

第二，培养学生的判断、推理、分析和综合等能力。学生的能力只能在他们自己学习、探索的过程中逐步培养。解答物理问题的过程就是学生独立学习的过程，在这个过程中，他们获得了思考问题、处理问题的某些方法，培养了终身受用的学习能力。

第三，帮助学生加深和扩展物理知识，理论联系实际。物理习题涉及的内容是非常丰富和广泛的，在解答这些习题的过程中，学生自然而然地拓宽了自己的知识面，并不断地把掌握的理论知识应用于各种实际问题中，实现理论联系实际。

（二）物理习题教学程序

物理习题教学是在新课教学之后，为使学生的物理知识与技能得到巩固、深化和灵活运用的教学过程，是保障学生学习过程完整化的不可或缺的教学阶段。但是，在应试教育中，习题教学已经演变成对学生进行机械地强化训练的手段，这严重降低了习题教学的效果和影响了学生的身心发展。因此，探求新课程下习题教学的育人功能、教学方式以及新的习题类型，势必成为物理教学研究与实践的重要课题。通常，习题课教学一般按下列程序进行：①复习旧知识；②教师示范举例或组织学生讨论；③学生练习；④作业评讲。

（三）物理习题课的要求

1. 物理问题要精心选编、努力创新、联系生活实际

应该把物理问题解决教学与现代物理知识、科技发展前沿、最新科技成果联系起来，跟上社会的发展脚步，体现物理问题解决教学的时代性，促进学生去关注物理学知识的应用所带来的社会问题。借助信息技术可以扩大课堂的信息量，反映物理原理对自然现象、科学技术和社会生活中物理问题的科学解释，反映物理知识在生活中的广泛应用，促进学生把所学到的物理知识与在周围环境中得到的感性认识相联系，加深其对物理知识的理解，提高学生的科学素养以及应用物理知识的能力。此外，物理教学中为了解决问题的方便，常常把实际生活中的物理对象理想化、抽象化，如一辆车、一个木块、一个球等，一般都被理想地抽象为质点来处理。然而如果是"一辆乘坐 5 人的大众牌轿车"或者是"一位同学的自行车"，那么就显然比"一辆车"更贴近学生的生活。与传统的那种子弹打木块、木块在小车上运动等之类的题目相比较，把问题生活化既有利于培养学生的抽象思维能力，又能够增强物理问题解决教学的实用性、趣味性。选择恰当的问题是物理问题教学的首要环节，问题的质量是决定物理问题教学质量的最重要因素，因此在选择物理问题时应精心选编。

2. 进行解题指导

物理问题的类型很多，每种类型都有一定的思路和方法，我们既要训练学生解决问题的思路和方法，又要使学生去按照一定的步骤规范解决。若不注意训练学生解决问题的思路和方法，则学生可能出现不熟悉解题规范、未经充分分析题意就急于解答、不复核算出的结果等问题。在运用概念和规律解决问题时，最重要的起始环节就是确定研究对象。当所要解决的问题与研究对象有直接联系时，确定它比较容易，否则需要通过转换研究对象来求解。若找不到合适的替换方案，思维过程就会出现障碍。因此，在教学中，要注意培养学生善于寻找替换方案、及时扫除思维障碍的学习习惯。

3. 练习要循序渐进，符合学生认知发展的特点

在教学过程的不同阶段，应根据学生掌握知识的实际情况去选择不同难度的物理问题。例如，新授课上的练习及课后作业应选择一些基本的问题进行训练，以巩固学生所学知识；而在章末或期末复习中则可以安排一些能深化、活化学生所学知识的问题，难度可以稍大些，要有一定的综合性、灵活性。

4.物理问题解决过程要注重培养学生的信息素养

21世纪是知识经济的时代和信息高速发展的时代，人们不可能获得所有的知识和信息，只能选取所需要的有效的信息，因此，教师在物理问题解决教学中可以通过多种方式或方法，引导学生从问题的已知条件中提取有用的信息，培养学生提取信息、加工信息的能力。例如，多给已知条件，让学生选择正确的、最简便的或最佳的解题途径，敢于舍弃多余条件；少给已知条件，让学生通过实验、查阅相关资料等间接途径、方法或者自己创设条件来完成问题的解答；创设隐含条件，让学生通过对题意的领悟，发现解决问题的突破口。这样，通过变化问题的条件，以增加问题的迷惑性和趣味性，鼓励学生从多方面去探寻解题办法，锻炼学生处理信息的能力。

（四）物理习题创新设计方法

1.物理信息题的编拟

在实际的教学中，广泛搜集信息进行信息题编拟的方式有以下几种。

（1）充分利用物理学历史。物理学史中有大量的信息可供我们编拟试题选用，这类习题既有助于培养学生的科学态度和科学精神，又有助于帮助学生去认识物理知识的形成过程、发展学生的学习能力。

（2）注意科技发展的最新成果。科技发展的最新成果最能体现物理知识的应用价值，把这些科技成果与物理知识建立联系、设计问题，既有助于培养学生运用物理知识解决实际问题的能力，又有助于培养学生学以致用的良好学习习惯。

（3）关注国内外大事。从电视、报纸、网络中搜集到相关的详细内容后，进行提炼、加工，然后与高中物理中的主干知识建立联系，从不同角度、不同层面设计问题。这些问题培养学生的处理信息、运用物理知识解决实际问题的能力。

2.设计开放性问题的基本方法

随着教育观念的转变，人们对有利于促进学生思维开放和能力提高的开放性问题的讨论和研究逐渐重视起来。所谓开放性问题，是指客观表现为答案情况有分叉、有开口，或至少是答案的可能情况不确定、不唯一的问题。在课堂教学中设计好开放性问题，可以使学生的思维活动有充分自由的空间，有助于学生思维的开放，并提高学生的科学素养和培养学生的创造性思维能力。在物理习题教学中常用到的设计开放性问题的基本方法有以下三个。

（1）条件开放性问题的设计。教师在教学中可以就某一物理问题的信息源为扩散点，多角度地创设情境和开放条件，引导学生去变换思维角度，进行多途径、多方位的思考，使得多个知识点能在具体的物理问题中互相沟通和综合。

（2）策略开放性问题的设计。物理问题往往具有不同的探索思路和途径，具有多种不同的解答方法，这为策略开放性问题的设计提供了广泛的素材。启发和鼓励学生进行求异思维，引导学生从不同的角度和途径去分析和解决问题，并通过对同一问题不同的探索思路和解答方法进行比较分析，以促进学生思维的优化，这是设计策略开放性问题的目的。

（3）结论开放性问题的设计。结论可以是唯一的，也可以是开放的。在习题教学中，给定问题情景，要求学生探讨尽可能多的结论，即模糊问题中的所求，可使题目具有开放性。

在教学中，教师也可尝试开放性题目的设计，如学习"远距离输电"时，教师可以给予学生充分的条件，让学生寻找输电线路损失功率的不同形式的表达式，这样可以使学生广开思路，从不同侧面、不同的相互关系中获得不同结构形式的结论，从而实现对知识的融会贯通和灵活运用。

五、物理复习课的教学设计

复习课的目的是要对已学过的物理知识进行相关总结，帮助学生建立系统化的知识网络。一般来说，学生掌握知识需要经过领会、巩固、应用这三个既相互联系又相互区别的环节。达到这一目标的方法就是复习，复习与习题教学有一定的相似之处，但也有其自身的特点。

（一）物理复习课的教学目标

物理复习是指在学生学完相关知识后，指导他们进行知识和方法的整理，进一步理解和掌握知识之间的联系，灵活运用各种方法来提高自己解决物理问题能力的过程。因此，教学目标的定位准确与否，直接影响着复习的效果。

定位偏低，会导致低水平的重复；定位偏高，会增加学生的负担，并可能会打击学生的学习积极性。另外，复习面太广，则面面俱到，而面面不到。由此可见，提高复习课的效率关键在于教师对学生知识掌握程度的准确把握。因此，复习课要求做到准确定位、逐个突破，这应是当前阶段制定教学目标的策略。

（二）物理复习课教学的基本要求

1. 精心设计复习方案

以总复习为例，既要覆盖面广，又要突出重点；既要查漏补缺，又要综合提高。这就要求教师事先一定要做好周密细致的准备工作，制订好复习计划，对复习课做好精心设计。

2. 精选题目

复习时避免用烦琐、枯燥无味的内容消耗学生宝贵的时间和精力，要精选题目和内容。复习内容的选定，不应使学生停留在现有水平上，而应向最近发展区过渡，即复习的内容要有一定难度，对学生提出较高要求，促进其发展。

3. 突出重点

复习不应是对所学知识的简单重复，教师要在认真钻研教材、参阅有关资料和充分了解学生的基础上，突出复习的重点和关键，不断地变换表现形式，而不只是机械地重复知识。

4. 知识系统化

在新授课上，物理概念和规律都是一个一个学的，这不利于学生记忆和使知识系统化。通过复习，教师要帮助学生把知识整理成稳定而清晰的结构体系，使知识系统化。

5. 调动积极主动性

复习课涉及的内容多数是学生学习过的，如何调动学生学习的积极主动性就成为一个重要问题。在复习课的教学中，可以引导学生探究知识的内在联系，充分发挥学生的主观能动性，让学生能够设计出所复习单元的知识结构图，然后进行比较，让设计有特色的学生到讲台上展示和讲述，教师引导其他同学通过辩论等方式进行评价、补充和完善。

6. 安排适时

由德国心理学家艾宾浩斯发现的遗忘曲线可知，遗忘的过程是先快后慢，是一种普遍的自然现象。因此，教师应按照遗忘的规律去安排复习，即先密后疏。经过多次刺激，新知识在大脑皮层上就能留下较深印迹。

（三）物理复习课常用的方法

采用什么样的教学方法进行复习，应该根据教材内容的特点和学生对知识的掌握情况来确定。例如，对于一些易混淆的概念采用对比复习法，对于重要知识点而学生掌握得不够好可采用复现复习法等，总而言之，要选用讲求实效的复习方法来达到复习教学的目的，以下是物理复习课常用的几种方法。

1. 对比复习法

对于易混淆的物理概念和物理规律，诸如速度变化量与速度变化率，动量与动能，动量与冲量，温度、内能与热量，电势、电势能与电动势，动量守恒与机械能守恒等，通过对比，辨析不同概念和规律的特点以及相互联系，搞清楚容易混淆的地方，从而达到掌握的目的。

2. 提纲列表复习法

提纲列表复习法是把主要教学内容编制成提纲或列表，指导学生按提纲或列表内容进行复习，为此需要教会学生如何对知识进行正确的划分和归类。知识的划分与归类也应该具有一定的逻辑性，逻辑划分必须遵循这样的规则：一是按同一依据划分，二是子项的外延总和必须等于母项的外延总和，三是子项必须互相排斥，四是不能越级划分。

3. 复现复习法

对于重点章节内容的复习可以采用复现复习法，教师引导学生回忆思考某教学单元的主要内容。随着复习回忆，教师和学生共同完成对单元主要内容的总结。应用这种复习方法时，使用多媒体教学，通常能获得较好的教学效果。

4. 组题复习法

组题复习法要求由教师认真地选择彼此独立的而有联系的题目组成一套练习题，它大体上能完全覆盖本章节中的物理概念和规律，在引导学生解答这组习题的过程中，能有意识地复习并突出有关概念和规律。

5. 实验复习法

根据学生的心理特点，设计恰当的实验不仅能有效地引导学生复习有关的物理知识，有利于激发学生的学习兴趣，而且能进一步训练学生观察和实验的能力，让学生在亲自观察实验的基础上回忆、领会和验证学过的内容，并获得深刻的印象。作为物理教学重要内容的实验知识、技能本身也需要复习，这就必须采用实验复习法，教师可以适当引导学生设计一些小探究实验来验证所学过的知识。

6. 归类复习法

将所学内容按知识的性质来划分，同一类的知识归并在一起进行复习。例如功和功率，将机械功、电功及其功率纳入一起复习，此法可用于专题复习。

7. 知识结构复习法

以知识结构理论为指导，通过复习使学生掌握所学内容的基本结构。

最后，复习方法和形式应该是多种多样的，它们各有所长、各有所适，教师应该根据教学内容和学生的情况选择适宜的方法，并且在多数情况下应交替使用各种行之有效的方法。

第四节 大学物理教学说课设计

说课是在教学设计的基础上派生出来的一种教研活动形式。说课不仅仅要说设计，更要说设计的理论依据，并且它能促进教师提高理论指导实践的意识和水平。说课不仅要阐述教学的过程，而且要与同行或专家进行互动与交流，反思教学的问题，并探索改进教学和提升教学有效性的途径和方法。实践证明，说课活动对于教师提高教学智慧具有重要的作用。

一、说课概述

（一）说课的内涵与特点

所谓说课，就是教师口头表述对具体课题的教学设想及其理论依据，也就是授课教师在备课的基础上，面对同行或教研人员，讲述自己的教学设计，然后由听者评说，达到互相交流、共同提高的目的的一种教学研究和师资培训的活动。通俗地来说，说课其实就是说说你要教什么，是怎么教的，为什么要这样教。

说课是一种说理性的活动。说课不能简单地停留在对教学设计或教学实施的描述与预测上，更重要的是要解释教学设计或教学实施的原因与理由。说课要明确地阐述教学设计所依循的实践或理论凭据，这样才能真实地传递说课者的教学设计思想，为进一步的交流学习打下基础。通俗地讲，就是说课不仅要说"怎么教",还要有理有据地讲"为什么这样教"。

说课是一种同行交流经验的教研活动。说课是说自己对教学设计或教学实施的认识。这种认识只有通过说课者对课程标准、学习任务、学习者、自身教学能力等多方面因素的综合考虑之后才能得出。说课名为"说",其实也是一种"研究",并且要将研究结果向他人呈现出来,进行交流。因此,说课多采用面向同行报告式的陈述语言,而不采用面向学生启发引导式的教学语言。

说课具有简便、灵活的特点。说其简便,是指说课对教学资源的要求不高,几个人在一起花上几十分钟,就可以完成一次说课与评价交流;说其灵活,是指可以根据实际的需要调整说课的方式与内容,而不一定是对一节课进行完整的论说,例如,有时可以说"如何创设教学情境",有时可以说"某道物理习题的意图与价值",等等。

(二)说课的类别

说课作为教学研究活动的一个有机组成部分,因活动的目的、要求不同,常有不同的分类方法。按宏观来分,可以分为学科课程、课程标准、学科教材和课程资源利用等。按具体来分,主要是说课堂教学实施过程中的设计策略和流程,说课可以细化为几种基本的类型:从服务于课堂教学的先后顺序来看,说课可以分为课前说课、课后说课。课前说课是在备课后上课前进行的,这种说课在描述和解释教学设计的基础上,还要注重对课堂教学过程与结果的预测。通常提到"说课"而不加特别说明时,就是指这种课前说课。课后说课是在上课后进行的,除了阐述教学设计和过程外,它特别注重对上课的反思,包括教学策略运用的效果、原教学设计意图的达成情况、原教学设计的不足及改进的措施等等。根据说课的具体目的不同,可以分为研讨型说课与展现型说课。研讨型说课重在"研讨",说课者与听说者围绕着教学设计,对学前分析的准确性、教学理念的先进性、教学内容的适当性、教学方法的合理性、教学手段的针对性等多个方面或其中的某个方面展开研讨,以达到加深教学认识、完善教学设计的目的。所选择的研讨点通常要么是有争议的,要么是有特别价值的。展现型说课则重在"展现",说课者展现自己对教学设计或说课规范的把握,听说者通常以学习者、评价者、仲裁者或考核者的身份出现。展现型说课在具体的组织形式上,可以是在充分准备基础上的"胸有成竹"的说课,也可以是"即兴演讲"式的说课。

二、物理教学说课的内容与过程

下面主要对课前说课的基本内容和过程做一简明介绍。

（一）点明课题

开门见山地直接点明要说的课题，它主要包括以下几方面的介绍。

一是课题及章节，包括课题名称，课题取自什么教材的第几章第几节。

二是课的类型，它是概念课还是规律课，是新授课还是复习课，是讲授课还是实验课，等等。

三是上课的对象。

四是课时，是一课时还是二课时等等。

（二）说教材、学情、目标与重难点

1. 说教材

教材是教学大纲的具体化，是教师教、学生学的具体材料，因此，说课首先要求教师说教材。分析教材应从以下几方面来分析：教材的前后联系和所处的地位；教材的内容和作用；教学重点、难点等。必要的时候，还要对教材进行一定程度的调整与改编，并说明这种调整与改编的理由与依据。

2. 说学情

分析学生在认知水平、思维能力、学习风格、个性特征、学习动机、学生习惯等方面的特征；特别要说明学生对相关内容学习时的准备情况，如学生已有的知识、能力水平、学习情绪等。在说课中，要注意结合具体的学习任务和学生，有针对性地分析学情，而不是停留在笼统、抽象的论述上。

3. 说目标

说教学目标，一要注意教学目标内容的全面性，要在教学内容和学情分析的基础上，全面地阐述知识与技能的目标、过程与方法的目标、情感态度与价值观的目标；二要注意教学目标的全体性，所定的目标要与绝大多数学生能够达到的水平相适应，要考虑包括中下水平在内的全体学生的接受能力；三要注意教学目标的层次性，知识与技能、过程与方法、情感态度与价值观三个维度的目标都有不同的层次，如知识与技能的目标有"识记""理解""运用"等层次，要根据教学课题与学生实际，适当地制定教学目标。说教学目标切忌脱

离课题和学生，说大话、说空话。

4. 说重点和难点

说重点和难点，一是要说哪些是重点和难点，物理基本概念规律、重要的技能、能力和方法、科学的态度和情感等物理学精髓常常是教学的重点，而物理学中比较抽象、远离学生生活经验、逻辑与推理比较复杂、过程比较烦琐的内容往往是教学的难点；二是要说明它们为什么是重点或难点，所依据的理由往往可以从内容本身的特点、学生的接受能力等方面出发进行阐述；三是要说清重点如何去突出、难点如何突破。

（三）说过程

说教学过程是说课的重点部分，因为通过这一过程的分析才能看到说课者独具匠心的教学安排，它反映了教师的教学思想、教学个性与风格。也只有通过对教学过程的阐述，才能看到其教学安排是否合理、科学和艺术。教学过程要说清楚下面几个问题：一是说教法与学法，即每个环节中师生双方的主要活动，包括教师的创设情境、引导、应变、板书、呈现、布置作业等教学行为及意图，以及预期学生相应的观察、提问、猜想、设计方案、实验、推理、评价、交流等学习活动及意图。二是说手段，即采用哪些教学手段，采用这些教学手段的理论和实践依据是什么。教法、学法和手段的选择和运用，一般可以从现代教学思想、课程理念、有效教学理论中找到理论依据，有时还要结合对具体教学内容、教学对象、教学任务的分析等找到实践依据。三是说检测预期教学目标的达成途径，如何检查知识目标的达成，如何检查能力目标的达成，如何检查态度情感目标的达成，等等。

说过程，要从教学内容与学生实际出发，结合对重点与难点的突破，围绕教学目标的达成，简明扼要地论述，切忌流水账式的陈述。

（四）说整体设计

说整体设计，一要说教学设计的总体思想。这种设计的总体思想可以反映出说课者教学思想与理念的先进性和针对性，它主要是在学习和领悟物理课程目标、物理课程基本理念、物理探究教学理论和其他现代教学理论的基础上，通过实践反思形成的教学智慧，这些对具体课的设计具有决定性的指导作用。如"自主、探究、合作"学习理论常常成为许多物理课设计的理论依据。二要说教学的程序与环节。教学程序与环节既是教学设计思想的具体化，又具有一定的概括性，应当结合具体课题的性质来确定这种程序与环节，如对探究性课题可以分为创设情境、提出问题、启发思考、实施探究、交流评价；对复习课则可以分为知识回顾、典型例题、总结归纳；等等。

三、物理教学说课的原则

按照现代教学观和方法论，成功的说课应遵循如下几条原则。

1. 说理精辟，突出理论性

说课并不是宣讲教案，说课的核心在于说理，在于说清"为什么这样教"。因为没有在理论指导下的教学实践，只知道做什么，不了解为什么这样做，永远是经验型的教学，只能是高耗低效的。因此，执教者必须认真学习教育教学理论，主动接受教育教学改革的新信息、新成果，并将其应用到课堂教学之中。

2. 客观再现，具有可操作性

说课的内容必须客观真实、科学合理，不能故弄玄虚、故作高深，生搬硬套一些教育教学理论的专业术语。要真实地反映自己是怎样做的，为什么要这样做。哪怕并非科学、完整的做法和想法，也要如实地说出来。引起听者的思考，通过相互切磋，达成共识，进而完善说者的教学设计。说课是为课堂教学实践服务的，说课中的每一环节都应具有可操作性，如果说课仅仅是为说而说，不能在实际的教学中落实，那就是纸上谈兵、夸夸其谈的"花架子"，使说课只是流于形式。

3. 紧凑连贯，简练准确

说课的语言应具有较强的针对性，语言表达要简练干脆，不要拘谨，要有声有色、灵活多变，既要把问题论述清楚，又切忌过长，避免陈词滥调、泛泛而谈，力求言简意赅、文辞准确、前后连贯紧凑、过渡流畅自然。说课是教学研究的重要内容，是提高教师课堂教学水平、教学质量的重要途径之一。要说好课，教师必须认真钻研教材、通读课标、研究学生、精心设计教学过程。

四、物理师范生说课的常见问题和应对策略

（1）师范生在说课时只注重教学过程的简单再现，而忽视其理论分析。有些人说课会将大部分的时间和内容都用到"描述物理教学过程"上，而缺乏对"物理教学过程的理论依据"的阐述，有时则把"教学设计的意图"当成"教

学设计的理由"。这个问题的主要原因是说课者的教育理论尚未达到能指导教学实践的水平。

（2）师范生在说课时脱离具体教学任务的实际，牵强附会地讲一些空泛的理论。这种说课将大量的时间花在阐述一些教学新理念和新理论上，却忽视了对具体教学任务的分析以及理论与实践之间的整合，所以常常会表现出理论上张冠李戴、认识上肤浅表面、内容上空洞无物。

（3）师范生在说课中简单地罗列各项说课内容，而忽视对这些内容的逻辑关联。有的人没有进行"学前分析"和"教材分析"，就先说"教学目标"；有的人制定的教学目标与学情、内容之间没有明确的关系，教学也没有紧密地围绕教学目标与重难点的突破来展开；等等。说课的各个环节从总体上看有一个逻辑关系，如果不注意这点，仅仅只是说具体环节，则要么顾此失彼、丢三落四，要么逻辑混乱。

（4）在说课过程中还表现出对教材整体把握不到位、重难点关键点处理失当、不能很好使用各种教具媒体、缺乏对实验教学的关注、混淆说课语态与授课语态、乱用教学方法等诸多问题。

解决上述问题，一是要加强说教者对教育理论的学习与教学经验的反思，提高教育理论指导教学的意识与能力，这是说好课所必需的。二是要加强说教者对说课的学习，对有经验教师或优秀教师的说课进行观摩学习是新手快速学会说课的途径。这是一种研讨性的学习，也就是新手要参与到课程的教学设计得失的研讨之中。三是加强说课的练习并虚心向他人进行讨教。只有这样，其才能不断地提高教学设计和说课的水平。

第四章 大学物理教学技能与课堂讲授

第一节 大学物理教学技能体系

一、教学技能的内涵

教师总是为实现一定的教育目的、完成一定的教学任务而执行一系列的教学行为。虽然教学行为方式可能因教学任务、内容、对象及教师自身的知识水平、专业能力、个人习惯以及各种客观条件不同而表现为多样性，但在人们的长期教学实践过程中也已经形成一些基本的操作规范和方法要领，教师在运用这些基本操作规范和方法要领于课堂教学过程之中时就形成了一定的教学技能。

教学技能是教师素质结构中最重要的组成部分。教学技能的培养对克服教育理论与教育实践脱节有积极作用，只有通过它，教师才能真正把教育教学理论转化为自身的学科教学知识，才能形成运用自如的教学行为能力。

从以上定义可看出，教学技能应该至少涵盖两个方面：一方面，教师的教学技能总是由可观察的、可操作的、可测量的各种外显性的行为表现构成；另一方面，教师技能又是由教师既有的认知结构对知识的理解、对教学情境的把握、对教学行为的选择等认知活动构成的一个复杂的心理过程。简言之，就是要完成课堂教学任务，既要有动作又要有心智活动。因此，首先，课堂教学技能是与教师为完成某项课堂教学任务相联系的；其次，它还是一种行为方式，是可以表现出来并被观察所记录到的；最后，教师在教学中所表现出来的教学技能水平是有差异的，但通过恰当的练习训练是可以得到提高的。为了准确把握教学技能的概念，我们应该分清教学技能和教学知识及教学艺术的关系。物理教师应掌握的物理专业教学知识不仅包括物理专业知识，还包括教育学、心理学以及科学教育特有的一些理论知识（如科学素养理论、对科学本质的认识、对科学技术与社会关系的认识等）。但有了这些教学知识并不等于就有很高的教学技能水平，常言道"茶壶里煮饺子——有货倒不出"就是指这种情况。为此，只有通过不断地练习、训练和积累，才能有效提高课堂教学技能水平。从掌握知识到形成技能要有一个转化和迁移的过程，随着时间的推移，教师不但能够熟练地掌握一般教学技能，而且可以在此基础上进一步总结和积累教学经验，提升综合素质和教育修养，达到融创造性与艺术性于一体的教学技能水平，从而形成独特的个人教学风格，这是课堂教学技能的最高境界，是每位教师应该追求的目标，我们称之为教学艺术。

二、教学技能训练

教学技能是教师专业化的重要组成部分，是教师必须具备的专业技能。而教学技能是可以通过学习来掌握，并能在教学实践中得到巩固和发展的，所以加强教学技能训练对提高课堂教学质量具有重要的现实意义。

高校为了提高学生的物理科学探究能力和对科学本质的认识，往往还会开设物理学史、探究物理、科学技术与社会等课程。大学三年级下半学期则以教学技能训练为主，大学四年级以教育实习为主，通过直接面对学生实际课堂教学来培养和锻炼学生的教学技能以及其他一些教师技能。高校学生在学校学习过程中可以通过多种方式获得教学技能，例如，观摩优秀教师的课堂教学、分析优秀的教学案例、小组相互听课并交流讨论、教学技能比赛以及微格教学。在以前，要观摩到优秀教师的课堂教学比较困难，但随着现代信息技术的发展，现在可以从网络上获取大量优秀教师的课堂教学实录，这无疑对高校学生教学技能的提高非常有益。对高校的学生而言，通过微格教学提高教学技能是最有效、最直接的途径。

（一）微格教学的概念

微格教学（Microteaching）也称为微型教学，是国际上流行的培训职前教师和在职新教师的课程。其主旨是将教师课堂教学所需要的技能进行分解训练，使师范生和新教师较快、较好地掌握教学所需的技能。

在军队服过役的美国斯坦福大学的艾伦教授，通过大量观察发现师范院校学生对教学技能的掌握远不如军队训练中军事科目训练的效果。军事科目的训练通常是采用分解训练的，他利用这种训练模式，首创教师教学技能训练的微格教学模式。20世纪80年代末，微格教学模式传入我国后，国家教委组织在一批师范院校推广，北京教育学院等院校系统地设置了微格教学课程，并出版了微格教学的教材。

微格教学是通过压缩教学过程，使各种教学现象集中，让被训练者在典型的教学实践中开展真实的教学活动，从而掌握教学技能的教学方法。微格教学创始人、斯坦福大学教授艾伦将它定义为："它是一种缩小了的、可控制的教学环境，使准备成为或已经是教师的人有可能集中掌握某一特定的教学技能和教学内容"。最早将微格教学引入我国的北京教育学院认为："微格教学是一个有控制的教学实践系统，它使师范生和教师有可能集中完成某一类特定的教学行为，并在有控制的条件下进行学习和训练；它是建立在教育教学理论、科学方法论、视听理论和技术的基础上，系统地训练教师课堂教学技能的一种理论和方法"。

（二）微格教学特点

从微格教学的定义可看出，微格教学是先将复杂的教学分解为一个个特定的教学技能，然后利用现代化的视听技术，对各个教学技能进行逐项训练，通过师生、生生间的相互评价来指出优缺点，从而提高高校学生和在职教师的教学技能和教学能力的一种教学方法。具体来看，微格教学有以下一些特点。

第一，训练内容单一、明确易控。在微格教学模式中，训练内容被分解为一项一项的技能，每次课程只训练一种技能或其中一种类型，如导入技能中的设疑导入或故事导入等。训练中，还能把某一技能的细节加以放大而便于观察、讨论、反复练习。这样集中对某一项教学技能或一个侧面，而不是对整堂课的教学方法进行训练，就容易达到预期的目的。必要时，可以随时观察有关录像资料，供实习生或在职教师模仿学习，以取得最佳效果。这种训练具体而明确，是一种训练内容单一、时间短、参加人数少的小型教学形式。

第二，训练人数少、时间短。一般训练过程以小组为单位进行，每组约8人，训练的学生既需要训练教学技能，同时又需要充当学生角色，配合授课高校学生教学，这样也便于深入讨论与评价。另外，每位学生由于每次只训练一项技能，训练时间不需要很长，通常每次只需要5~10分钟。

第三，反馈评价及时合理。学生在模拟教学结束后，会立即自评、互评和指导教师点评，由于是刚刚发生的事，无论是训练主体还是下面的评价者都对教学内容记忆犹新。另外，由于采用现代视听设备，可以把学生的模拟教学真实准确地记录下来，并现场重新进行播放，模拟训练的学生能直观地观察到自己的授课视频中出现的问题，无疑更有利于学生教学技能的提升。

第四，角色多元转换，理论与实践紧密结合。在微格教学过程中既有教师的理论指导，又有观察、示范、实践、反馈、评议等内容。因此，每个参与者都要在学习者、执教者以及评议者这三个角色中不断转换，不断地从理论到实践，再从实践到理论，最后达到理论与实践的完美结合。这样的学习真正做到了以学生为主体，理论也不再是枯燥乏味的文字，而成了一盏明亮的指路灯，学生也真正能把理论与实践融合起来，从而构建起自身的教学技能。

（三）微格教学过程的组织实施

微格教学过程主要由理论学习、示范观摩、教案编写、角色扮演、反馈评价等几个过程组成。微格教学是一项非常细致的工作，要有效提高教学技能就要把握好教学过程中的每一个环节。一般而言，在理论学习和示范观摩阶段，学生可以以班级为单位集中学习，但此后必须将学生按5~8人分组，并相应地配备一名指导教师。

1. 理论学习

在微格教学中，理论学习的内容包括微格教学的概念、作用，各项教学技能的理论及分析，在分析讨论阶段还会涉及教育学、心理学以及相关学科教学理论的学习。一般理论学习以班级为单位进行，小组训练时则主要是针对训练中出现的情况，有针对性地进行理论分析和介绍，增强理论的指导功能，从而更好地把理论与学生的教学实践相结合，易于学生理解透彻。

2. 示范观摩

在本环节，教师要针对相关教学技能，提供相应的课堂教学实录片段，组织学生观看，使其获取初步的感性认识。由于教学片段起着示范作用，因此教学片段的教学水平要高。另外，因为微格教学每次只针对一项教学技能训练，所以选择的教学片段还要有针对性，即教学片段要能呈现出相应教学技能的一些典型特征。在观看录像片段时，指导教师要提出明确的观摩要求。看完后就组织学生学习讨论，谈谈有哪些方面值得学习，谈谈自己的教学还有哪些差距。有可能的话，指导教师还可以有针对性地亲自做正、反两方面的示范，以突出相关重点。

3. 教案编写

教案编写是微格教学中的重要工作。编写教案前首先要根据教学设计理论进行教材、学情分析，然后根据所要训练的教学技能编写出教案。对高校学生而言，指导教师最好针对教材做一些适当的分析，以帮助学生正确理解教材、做好教学设计，从而让他们有更多的精力去考虑教学技能方面的设计。

4. 角色扮演

教案编写好后是实际的教学技能实践训练，也就是角色扮演，教师、学生的角色由小组成员轮流担任。在角色扮演中要求教师扮演者按自己的教案教学；而学生扮演者要充分模仿教案所对应年龄层次学生的知识水平和特点，自觉配合教师扮演者，以使教师扮演者的教学能顺利进行。学生扮演者在教学过程中也应该扮演出教学中常见的现象（如答错题、提出疑问等），以培养执教者的应变能力。一般而言，试教时间控制在5~10分钟，以便于后续的反馈评价，在试教前指导教师应交代并说明有关角色扮演的规定，如试教时间、小组成员试教顺序、对扮演学生角色的要求等。在试教过程中，应有相关人员录制执教全程。

5. 反馈评价

反馈指的是课堂教学中双向或多向信息的交流。教师要了解学生的信息；学生要了解教师指导的信息；存在差异的学生与学生之间传递着互助的信息。教师了解了学生学习信息后，需要及时做出调控，对学生的学习做必要的补习、指导和矫正。评价是指教师了解了学生学习信息后做出调控，即在对学生的学习做必要的补习、指导和矫正的基础上对学生的学习效果做出的具有激励作用的评定。在反馈评价阶段，首先应该重放之前执教者的教学录像，再由执教者说课，介绍自己的教学目标、教学过程设计及理由等，并针对自己的录像进一步深入自我剖析，找出存在的成功与不足。在此基础上，由小组成员讨论分析、集体评议，给出建设性意见。另外，通过大量研究，各项教学技能都有针对性的量化评价表，因此，在定性分析的同时还应根据量化评价表给出成绩、量化评价。最后，指导教师根据执教者自评以及小组其他成员的评价，再有针对性地进行补充评价。指导教师的评价对学习者教学技能的提高有很重要的作用，所以在评价时要做到客观、全面、准确，有针对性地理论、分析和介绍，对其成绩和优点要讲足，缺点要分析到位，并提出切实可行的改进意见。指导教师要特别注意保护学生的积极性和自尊心，语气要和缓，态度要诚恳。

6. 修改教案

如果教学效果好，教学技能基本掌握，则进入下一个教学技能训练。如果还有较大差距，则执教者要修改自己的教案，并重新进行角色扮演、教学实践。

（四）微格教学专用教室

为了顺利完成微格教学任务，必须有相应的教室相配套。微格教学教室应能模拟真实的课堂教学情境，因此要配备常规的教学设备，如黑板、讲台、学生桌椅、多媒体设备（如电子白板、电脑、投影仪、音响等）。另外，为便于录像和录音，还需要安装摄录设备、拾音器和照明光源。摄像设备可采用摄像机或安装固定的摄像头，要求拾音器失真度小、灵敏度高、指向性强。现在普遍采用师生共用一个固定在天花板或黑板上方墙壁上的拾音器，照明光源如果要求不高可采用日光灯照明；如果要求较高，则应采用专业照明设备。除了微格教室外，还需要有一个控制室和管理平台。在控制室里，摄录人员能方便操控摄录设备，指导教师也能在控制室的管理平台上观察各个微格教室的训练情况，并及时进行指导和评价。

三、物理课堂教学的基本技能

物理课堂教学包括引入、展开与总结这三个教学环节，中间还需要教师合理的监控。

（一）课堂引入

课堂引入是指在课堂教学开始时，教师引导学生进入学习的行为方式。成功的课堂引入能集中学生的注意力、引起学生的学习兴趣，达到承上启下、开宗明义，把学生带入物理情境，调动学生积极性，为完成教学任务创造条件的目的。引入所选的材料要紧扣课题，且是学生熟悉的，即与教学内容和学生实际相适应。利用生活中趣味、新奇的事例，紧迫的问题，引入新课，让学生能够产生强烈的探究心理和学习兴趣。需要注意的是，引入要能启发学生去发现问题，调动学生积极、主动地思考。在实际教学中，物理教师常采用以下方法。

1. 直接引入法

直接引入法是指直接道出本节的课题。该方法操作简单、容易，但效果一般都不好。因为学生对新课内容是陌生的，这种方法既联系不了前概念，又引不起知识的迁移，更激不起学生学习的兴趣。

2. 资料导入法

资料导入法是指用各种资料（如物理学史料、科学家轶事、故事等），依教学内容，通过巧妙地选择和编排来引入新课。用生动的故事将学生的无意注意转化为有意注意，思维顺着故事的情节进入学习物理的轨道。

3. 问题引入法

问题引入法是指针对所要讲的内容，结合生活实际或已有的物理知识，设计一些能引起学生兴趣的问题来引入新课。

4. 实验引入法

学生学习之始的心理活动特征是好奇、好看，要求解惑的心情急迫，在学习某些章节的开始，教师可演示富有启发性、趣味性的实验，使学生在感官上承受大量色、嗅、态、声、光、电诸方面的刺激，同时提出若干思考题。通过实验巧布疑阵、设置悬念。

5. 复习引入法

复习引入法，即通过对已学知识的复习，引导学生进入新课的学习。通过复习，先找出新、旧知识的关联点，然后提出新课题，让学生的思维向更深的层次展开，这叫温故知新。它能降低学生接受新知识的难度。

此外，还采用类比引入法、猜想引入法等。

在倡导"探究式学习"的今天，"引入"阶段与"展开"阶段之间，是学生对提出的问题进行尝试性的判断或解答，即"猜想与假设"。有经验的物理教师常常利用同学们积极提出的"猜想和假设"，很自然地过渡到课堂教学的展开。

（二）课堂教学的展开

这一环节是整堂课的重心所在，相当于加涅九大教学事件中"呈现刺激材料""提供学习指导""引出行为"和"提供反馈"四者的综合结果，也相当于梅里尔教学结构理论中的"示证新知"阶段。在此环节中，教学内容被完全呈示出来，学生在教师指导下、在对话和互动的过程中，对学习内容进行积极的认知加工，包括对新知识进行编码、组织，使其成为有内在联系的整体，也包括将新、旧知识整合起来，使学习内容具有个人意义，这实际是一个对知识的理解和掌握的过程。

物理教师的工作是要考虑如何把物理问题展开，即把已经由物理学家建立起来的理论体系，按照一定的方式向学生展开，使学生能够更好地接受。对物理问题的展开有实验展开和逻辑展开两种方式。

第一种，实验展开运用，即问题—实验—观察—原理—运用，突出以实验为主要手段，创设与物理问题对应的物理情境。

第二种，逻辑展开运用，突出逻辑结构的分析，由物理问题引向知识的建构。

凡能用实验展开的物理问题，都尽可能采用实验进行展开，让学生通过对物理知识的物化和活化，求得感知。但诸如速度概念、能的概念的教学，难以物化或活化，则采用逻辑方式展开更为有效。对物理问题展开的过程中，会遇到说明、论证和反驳。

1. 说明

把物理事物的性质、功能、关系、种类等试图解释清楚的表达方式就是说明，一些用实验或逻辑方式得到的概念，不是用一句简短的话就能定义的，就需要释义；一些十分抽象的概念，为使学生头脑中形成具体、鲜明、深刻的印象，就要举例说明；在叙述物理现象、事实和原理时，为求得形象、直观、生动、活泼，加一些合理的修饰成分，这就是描述；为使深奥的道理浅显易懂，可利用贴切的比喻；为揭示易混概念之间的本质差异，以帮助学生建立起清晰、准确的概念，可运用比较。释义、举例、描述、比喻、比较等都是物理教师课堂教学展开时较为常用的说明方式。

2. 论证

论证是根据一个或一些已知为真的命题来确定另一命题真实性的思维形式。论证有广义和狭义之分，狭义的论证即为证明，广义的论证除证明外，还包括反驳。论证通常由论题、论据和论证方法三个要素构成，论题是需要对其真实性进行论证的命题，需要解决的是"证明什么"的问题，通常在论证的开头提出，在末尾归结起来。有些物理规律需从已知的原理、定律运用演绎方法推出；为了给抽象的物理事实提供一个类似的比较形象直观的模型，从而实现知识的迁移，常使用类比推理。归纳、演绎、类比等都是物理教师课堂教学展开时常用的论证方式。

3. 反驳

确立某个论题虚假性的论证即为反驳。比如，学习牛顿第一定律时就要反驳亚里士多德的错误观点。讲评试卷和练习结果时，也常常需要反驳各种错误的答案。为了使反驳有说服力，要求立论明确，论据真实、充足，正确运用推理形式。可见，课堂教学的展开，必须掌握一些逻辑思维方法。

物理教师的课堂展开应当尽可能地发挥学生的主体作用。比如，以实验方式展开时，教师首先引导学生设计出能够研究所提出的物理问题的实验，然后根据自己的设计去做实验，去归纳得出结论；而以逻辑方式展开时，教师以问题开头，激发学生积极参与思维，以问题穿针引线，推动学生思维深化，最后形成新的物理认知结构。这样的展开就能让学生积极参与学习的过程，从而使其在观察实验、思维判断方面都能有所发展。

（三）课堂总结

课堂总结亦称为课堂小结、课堂结束，它作为课堂教学中的最后一个环节，是课堂教学的重要组成部分。好的课堂总结能给人一种"言已尽而意无穷"之感，影响着课堂教学的质量。课堂总结环节的主要功能在于对整节课的内容和要求进行系统的总结概括、提炼升华，促进学生课堂理解的深化和拓展，取得画龙点睛之效。在物理课堂中对每一个问题讨论的结果应有一个总结，这样做，不仅能使所学的知识条理化、系统化，使学生获得清晰而深刻的印象，并强化其记忆，还能适当地将知识引申拓宽，促使学生的思维活动深入展开，激发其继续学习的积极性。物理课堂总结常见的有首尾照应式、系统归纳式、针对练习式和比较记忆式四种形式。

1.首尾照应式

对照新编的物理教科书，我们可以通过情景创设问题或在书中一开头就提出的问题，用设置悬念的方式引入新课。而在该节课结尾时，引导学生应用所学到的知识分析解决上课时提出的问题，消除悬念。这样做既总结、巩固和应用了本节课所学到的知识，又照应了开头。

2.系统归纳式

系统归纳式是指在课堂活动结尾时，利用简洁、准确的语言、文字或图表，将一节课所学的主要内容、知识结构进行总结归纳。这不仅可以准确地抓住知识的内涵和外延，还能体现纵横关系，有助于学生掌握知识的重点及知识的系统性、有利于学生记忆和利用。这种总结方式比较容易掌握，在实际的物理教学中用得较多。但从形式上看有些死板，对知识密集的课题运用它，才能较好地显示出它的优越性。

3. 针对练习式

针对当堂所需巩固、强调的新知识，除精选例题讲解外，还精选练习题让学生在课堂上求解，这就是针对练习式。

4. 比较记忆式

"比较"是认识事物的重要方法，也是进行识记的有效方法。它可以帮助我们准确地辨别记忆对象，抓住它们的不同特征去进行记忆；也可以帮助我们从事物之间的联系上去掌握记忆对象，抓住它们的关系进行系统化记忆。比较记忆式是指将本节课讲授的新知识与具有可比性的旧知识加以对比。同中求异，掌握事物本质特征加以区别；异中求同，掌握事物的内在联系加以深化。以此帮助学生加深对所学知识的理解和记忆，开拓思路使新旧知识融会贯通，提高知识的迁移能力。

（四）课堂提问与调控

课堂提问是课堂教学的有机组成部分，它是帮助学生巩固旧知和学习新知的必经途径。教师在课堂提问时，必须考虑学生的接受能力和现有知识水平。在课堂中，无论在引入阶段、展开阶段还是总结阶段，向学生提出问题，要求其思考和回答，这是课堂提问；为保证教学任务的顺利完成，教师对学生进行的带有约束性的管理，这是课堂调控。

对课堂管理调控首先要求精心设计问题，力求提出的问题能够引起学生的兴趣，从而产生探究的动力；力求问题的难易适度，使学生有获得成功的喜悦体验；力求题意明确，不因选词选句不当而引起学生疑惑、误解和猜测。另外，还要充分了解学生。设计问题时，应充分估计学生的可能答案，尤其是错误答案，并且准备好相应的对策。根据课堂情况，把握好提问的时间。提问时应面向全班，不同难度的问题选择不同层次的学生来回答，充分尊重每一位学生，尤其保护差生回答问题的积极性。在学生回答问题的过程中，要敏锐地捕捉到学生不确切的表述，及时纠正学生答案中的错误与思维方法上的缺陷，诱导学生正确回答问题。还要帮助学生，让他们自己归纳、小结，形成简明的答案。只有经过精心设计的、切实符合学生心理和认知水平的问题，才能够开启学生的心灵，真正调动起学生的学习积极性。一旦学生的积极主动性被调动起来了，一个对物理学习的有利条件和良好环境也就形成了。这时，无须任何严肃的指令，学生都能自觉自愿地去学习和思考，这就是最有效的教学管理调控。

四、物理课堂教学语言技能

长期以来，教学语言是教学信息的载体，是教师完成教学任务的主要信息媒介。是师生间交流教与学信息的主要手段和途径。教学语言技能是教师必备的各种教学技能中最基本的技能。众所周知，声情并茂、简练动听、逻辑性强、富有磁性的语言很容易把学生带进教师设置的丰富教学情景之中；而风趣幽默的语言在引得学生发出会心欢笑的同时，能让学生更容易理解教学内容，从而提高学习效率。具体而言，教学语言有以下几个作用。

（一）准确、清晰地传递教学信息，提高教学效果

语言是教师传递物理教学信息最主要的教学手段，语言的表达方式不同，学生的学习效果也不同。苏联教育家马卡边柯曾说过："同样的教学方法，因为语言不同，结果就可能相差 20 倍"。由此可见语言表达的重要性。从我们的亲身体验中也不难知道，如果一位教师的语言表达质量高，那么他的课堂教学往往深入浅出、形象生动，学生也容易理解、接受，因而也具有更好的教学效果。

（二）融洽师生关系，创造和谐的学习环境

师生关系的好坏直接影响学习环境的好坏，进而影响学生学习效率的高低。师生关系的好坏主要是通过语言交流来实现的，教师还可以通过语言的语调、语气及节奏的变化来有效地表达各种感情，实现感情交流的目的。在教学中，如果教师言语谦虚、语气和缓则容易建立良好的师生关系，而语言尖刻则容易造成师生关系的紧张，所以教师应注意自己的语言表达，以便建立良好的师生关系，从而形成和谐的学习环境和氛围。

（三）启迪学生思维，培养学生能力

透过教师高超的教学语言，学生可以了解教师的思维进程、学到思考问题的良好方法、捕捉到思维历程中闪现的火花，从而激起提高自身思维能力的愿望。一般而言，生动形象的教学语言会影响学生的形象思维，理性概括的教学语言会影响学生的抽象逻辑思维；教师语言的机智会影响学生思维的敏捷性和灵活性，语言的观点会影响学生思维的独立性和批判性，语言的材料会影响学

生思维的广阔性和深刻性。

除上面介绍的作用外，教学语言还具有语言美感的示范作用。教学中声调的高低、快慢，富有节奏感的有声语言与无声的表情、手势等体态语言恰当地配合起来，使学生在获得知识的同时能够得到美的熏陶和享受。这些能够对学生产生潜移默化的影响，提高学生的语言表达能力和语言美感。

此外，对教师自身而言，通过不断提高自身教学语言的水平，也可以促进教师个人思维的发展和能力的提高。

五、物理课堂教学板书技能

物理课堂教学板书技能的运用是一种综合的教学艺术，这就要求教师在教学设计时把它作为一种艺术来创作，而不能把它当作可有可无的事。独具匠心的板书，既有利于传授知识，又能发展学生的智力；既能产生美感、陶冶情操，又能影响学生形成良好的习惯；既能激发学生的学习兴趣，又能启迪学生的智慧、活跃学生的思维。可以说，一幅好的板书既是一本形式优美、重点突出、高度概括的微型教科书，也是一件精致的艺术品。好的板书能提纲挈领、理清教材的脉络，系统、完整地概括一节课的主要内容。同时它能打开学生的思路，帮助学生更好地理解与掌握教学内容，便于学生记录听课笔记，为学生复习功课提供便利。总体来说，板书在教学中有以下一些作用。

（一）揭示教学内容结构，有利于学生对物理知识的建构

物理学是一门逻辑性很强的科学，因此物理课堂教学内容与其他学科内容相比较有更强的内在逻辑性和规律性，但仅依靠教师讲解，学生对物理知识的逻辑结构是难以全面理解和把握的。教师通过课堂板书将物理教学内容之间的这种层次性、逻辑性形象分明地展现在学生面前，从而使学生感受到教材内容的系统性和内在联系，并准确地把握知识的整体结构。这显然会为学生构建自身的知识结构提供十分有用的帮助。

（二）提示学习重心，有利于突出存在的重点和难点

在教学中，教师并不是将所有的内容都书写在黑板上，而是将经过加工和提炼后的内容精华通过精心设计呈现方式后书写在黑板上。另外，为了进一步突出重点和难点，教师在板书过程中往往会在关键处通过圈点或用鲜艳的彩色

粉笔书写来强调。这种通过视觉器官来传递信息的方式比语言讲授更富有直观性，学生通过观察黑板后就很容易明白本节教学的重点及难点内容。因此好的板书有利于突出教学的重点与难点，提示学习的重心。

（三）保存教学信息，有利于学生记忆与模仿

俗话说"好记性不如烂笔头"，教师无论把教学内容讲得多么清楚完美，但口头语言毕竟无法保存，会随着时间的推移而消失。学生通过教师的口头语言获得对知识的记忆最初往往是短时记忆，很容易被遗忘，而板书、板画正好弥补这一不足，它能把一节课的主要教学内容保存下来。这样学生在课堂学习过程中如果对前面的知识遗忘，那么他很容易通过板书的内容来复习或回忆起这些内容。同时，板书既有利于学生记笔记和课后复习，也有利于教师在课堂结束时进行课堂小结。

（四）有利于激发学生兴趣，启迪学生思维

好的板书能使学生终生难忘。很多教师具有深厚的传统板书功底，能够用形式优美的板书勾画出教学内容的轮廓，可以将抽象的物理过程或现象形象地再现在黑板上。他们的板书设计巧妙、书写工整、画技精湛、布局美观。另外，利用现代信息技术产生的电子板书不但能大大丰富传统板书的文字符号、图表图画等静态内容，还可以呈现动态的视频、动画等板书，这些板书在给学生以美的感受的同时，还能通过丰富多样的信息刺激、激活已有经验或提供经验支撑，从而激发学生学习的兴趣，促使学生产生学习动机，帮助学生思考，启迪学生的思维。

（五）强化直观教学，有利于增强教学效果

心理学实验表明，外界进入人脑的信息，有 90% 以上都是来自眼睛。伴随着口头讲述，板书以形象的结构造型、简要的语言信息、多样的符号参与、不同的色彩标志和各种字体的编配，给学生的感官以强烈的、多方面的刺激，强化了直观形象，由此产生了积极的教学效果。

（六）有利于学生能力的发展和非智力因素的开发

板书是在教师深入钻研教材后精心设计的，是教师对教材内容认真选择、加工和提炼的结果。因此，板书可以反映出教师对教学内容的理解程度和思维

的严谨程度。好的板书层次清楚，富有科学性和系统性，因而有利于培养学生思维的系统性、逻辑性、严密性，从而提高学生的思维能力。另外，在教师讲解的配合下，学生不仅可以学会知识，而且能够学会如何抓住重点、关键点，如何突破难点，如何归纳、总结、论证等，这能帮助学生掌握必要的学习技巧，因而有助于学习能力的提高。

六、物理课堂教学讲解技能

出口成章、旁征博引，历来被认为是演讲者的知识功底、口才技巧的基本素质之一，而循循善诱、深入浅出也常常被人们极力推崇为为师者必须具备的优良品质。讲台上的教师，既是演讲者，又是为师者。讲解是他（她）们使用的第一教学"工具"。所谓讲解，即为讲授，是教师用语言向学生传授知识的教学方式，也是教师用语言交流思想、启发学生思维、表达情感的教学行为。

讲授技能是指教师运用教学语言，辅以各种教学媒体，引导学生去理解教学内容，形成概念、原理、规律、法则等的教学行为方式。讲授的实质是通过语言对知识的剖析和揭示，剖析其组成要素和过程程序，揭示其内在联系，从而使学生把握其实质和内在规律。语言技能是讲授的一个条件，但不是讲授，讲授技能在于组织结构和表达程序。虽然现代教育手段越来越多地进入了课堂，但讲解仍然是课堂教学中使用最广泛的一种教学方法。

（一）传授知识，解难释疑

讲解技能运用的首要目的是传授知识。通过教师的讲解，把知识准确、清晰地呈现在学生面前，引导学生在原有的知识结构的基础上，了解、理解并进一步掌握新知识。讲解的目的就在于使学生理解新知识。教师课堂的每一段讲解，都是针对学生学习中的疑点、难点以及新知识传授的要点设计的，这些讲解都是以让学生充分理解掌握知识为准则，经过认真筛选、科学组合和加工而成的，或是描述情境、解释说明，或是阐说道理、推导结论。

（二）引导学生，启发思维

通过讲解，去引导学生思考。讲解区别于灌输就在于其充分重视讲解引导思维、发展思维、开发智力目标的实现。要实现上述目标，教师在设计讲解时要深钻教材、把握知识，同时要分析学生的学习现状和课堂心态，努力使讲解内容句句都能叩击学生的心扉、抓住学生的思维，以使教师的课堂讲解达到内容与学生求知渴望合拍、思维与学生的探寻心理相沟通，在已知和未知之间为学生搭建思维的桥梁。

（三）传道育人，培养品质

德育目标与讲解内容是水乳交融的，对学生的影响是潜移默化、润物无声的，所以要实现德育目标，成功的讲解可以用积极向上的思想情感去影响学生，使学生受到良好道德品质和行为规范的教学：讲解以健康的审美情感熏陶学生，促进学生形成正确的审美观；讲解以正确的思维方法训练学生，培养学生良好个性品质和学习习惯。

七、物理课堂教学变化技能

教态的变化是物理教师的教学语言、体态语言和身体运动的变化，这些变化是教师教学热情和教学效果的具体展现。对教态变化的运用一般不需要借助其他工具或媒体手段就可以实现，因此教态变化是最基本、最常用的物理课堂教学变化技能。

变化技能又称为变化刺激的技能，是指在课堂教学中，教师为了引起学生注意、减轻学生的疲劳、激发学生兴趣、启发学生思维而以一定的教学思想和教育理论做指导，根据学生学习的现实情况和教学内容的特点，变换信息传递方式或教学活动形式来改变对学生的刺激的教学行为。这种变化，对教师而言是教师教学修养、能力、风格的体现；对学生而言是变化对不同感官刺激，从而唤起学生的警觉，引起兴趣，形成良好的学习氛围，进而得到良好的学习效果。变化教学的目的各有不同，有的是激发学生对教学内容的兴趣，引起学生的注意（如停顿、手势、目光接触等），从而把无意注意过渡到有意注意。有的是利用多种感觉信息传输通道传递信息，从而充分调动起学生的感官，帮助学生领会学习内容（如教学媒体的变化等）。有的是唤起学生热情、活跃气氛、调动其参与等。具体而言，变化教学有以下作用。

（一）引起并保持注意，减轻大脑疲劳

引起并保持学生注意是保证教学顺利进行的基本条件。如果学生长时间地在同一教学方式和氛围中学习，则这种单调的学习刺激极易引起学生大脑疲劳，

使他们的注意力陷入低迷状态。心理学研究表明，引起学生注意的刺激物有：相对强烈的刺激物、背景突出的刺激物、活动变化的刺激物、新异的刺激物。在物理教学中，教师利用变化技能可以充分利用这些刺激物来引起并保持学生的注意力，同时降低学生学习的疲劳感。

（二）激发学生学习的兴趣和求知欲

当学生注意力被集中到教学内容上后，如果教师呈现的图片、视频、实验、问题等能引发学生认知冲突，则会激发起学生的学习兴趣和求知的欲望。另外，还能在与学生互动过程中营造轻松愉快的学习环境，激活学生参与学习的热情。

（三）有利于利用多种感觉信息传输通道传递信息

从信息传输理论上看，每种传输通道（与人的感官相对应）传递信息效率是不同的，易疲劳程度也不同。在教学中，教师运用变化技能适当地变换信息传输通道，可以有效、全面地向学生传递清晰而有意义的教学信息，使学生较好地领会和理解知识。

（四）为不同水平的学生创造参与教学活动的条件

新课程理念要求以学生为主体，教师的教学活动要能使学生积极主动地参与到教学中去，这就要求教师呈现给学生的学习内容必须能够引起学生的思考和反应。但由于学生的认知水平和学习能力上存在着差异，不同学生对信息传递方式的理解和接受程度是不相同的，如果教师只采用单一的教学呈现方式，就可能无法满足不同层次水平学生的学习需要。为此，教师应有意识地运用变化技能、有针对性地对不同水平学生采取不同的表达或呈现方式，从而让不同学习能力的学生参与到学习活动中。

（五）创设物理学习的情境

唤起学生学习物理的热情，消除其畏难和疲劳情绪，重视学生的情感特点，构筑丰富多彩的物理课堂学习情绪和合理的物理课堂情绪结构。教师利用变化技能，能充分利用各种传输通道传递教学信息，从而刺激和调动起学生的不同感官，使教师、学生、教学材料之间的交流顺畅、高效地进行。在这个过程中，学生情绪容易被调动起来，在身心愉悦的状态下，自然愿意把自己作为开放的系统与教师、教学材料对话，形成和谐愉快、活跃开放的教学环境，提高学生学习效率。这种充满生气的课堂既能显示教师的学识和能力，又能体现循循善诱、诲人不倦的师德，可以说，变化技能的运用是教师教学个性与风格的主要因素之一。

另外，教师活泼热情的教学和富有变化的课堂环境，能养成学生积极参与教学活动和积极思考的良好习惯，这种习惯，之后会转化成积极向上的内驱力，易于促进学生的积极学习态度和个性品质形成，从而有利于学生良好学习习惯的养成。

第二节　课堂讲授中的技术性问题

一、结合物理学史的问题

大学物理教学应该结合物理学史，让学生体会物理学的特点，了解物理学是一门实验科学，一门探索性很强的科学，从而体会物理学的研究方法，体会理论和实验相辅相成的关系，学习前辈科学家的治学经验、研究态度和奋斗精神，使学生对科学与哲学的关系、科学与社会的关系、科学与技术的关系、个人与集体的关系、继承与创新的关系、偶然与必然的关系等问题得到有益的启示，所以，物理学界对在教学中结合物理学史问题是极其关注的。这里引用国际物理教育委员会（ICPE）主席、麻省理工学院物理学教育家 A.P. 弗仑奇（French）的发言意见，它反映了物理教育界关心的主要问题。

（1）把历史引进物理教学的危险所在及其处理意见。弗仑奇认为把物理学史引进物理教学会使物理学和物理学史两方面受到委屈。他说："作为物理教师，力图按照已经认识到的自然界的程序来引导学生，力求教给学生物理学方法和基本技能，因而裁剪历史，给人以假象，似乎历史是朝着我们当今的认识和理解稳定前进的，只要随心所欲地把不处在主线上的任何东西弃之不顾，就能轻而易举地'发明'这种历史，这是对历史的歪曲。"如果在物理教学中应用真正的历史，将给学生一个搞乱了的科学图像，好像是杂乱无章的追逐；这还可能有损于科学家的"具有独立见解的真理探索者在全部工作中以冷静的逻辑支配自己"等美好的形象。所以，我们如果像关心物理学那样去关心我们所引用的历史的完整性和质量，这就是一件非常危险的事情。

会议上取得共识的意见是：包含在物理课程中的历史题材将按照物理教学的要求进行选取，在教学中，物理学应当处于支配地位，坚决反对搞乱图像。反对因物理学史而破坏物理教学宗旨的做法。为了向学生展示在某些重要领域中物理思想的发展概貌，我们不得不采取选择性的方法，同时把许多在学科发展中起过作用的人都遗忘。

（2）主张教师从科学家的原著、论文中或从高水平的科学史书上引用历史，而不好从其他一般教科书抄用，避免出现"准历史"之误，要给学生以真正有启发性的思考。

（3）提倡简捷、精辟地介绍科学家发现的探索过程，如玻尔的氢原子模型，玻尔在1912年春就已确信需要用量子论来研究原子结构。1913年7月、9月和11月，他连续发表了3篇论文，提出了他的氢原子模型。他的基本思路是不允许电子落在原子核上，不允许出现连续的原子光谱，采用了"一个质子和一个电子组成"。由于学生从小听惯了这个模型，从不问为什么而盲目地接受了，也不会想到它会涉及某些深刻的问题。实际上玻尔是有考虑的，在他的第一篇论文中援引了汤姆孙（Thomson）实验（在屏幕上有抛物线径迹的那个实验）。汤姆孙用第一台质谱仪观察到在电离电位足够高时可以有各种各样的双重电离——既有原子的，又有分子的，但他从未观察到双重电离的氢原子。介绍物理学史中这个材料只需花很少的教学实践，却具有重要的教学价值，它使学生带着一连串的思索，培养其探索精神，让学生学习思考，而不是与枯燥的最终结论打交道。

（4）提倡在某些教学场合采用原始文献中实际装置的照片和详细的图画。许多教科书中的那种简化草图无法说明在做一个真实实验和探索自然界的一个新结论时所包含的内容和概念，当然不能引用太复杂的照片和装置原图。

二、介绍学科前沿问题

现代物理学的内容是极其广泛的，其空间尺度从亚核粒子到浩瀚的宇宙，其包含的时间从宇宙诞生到无尽的未来。物理学取得的成就是极为辉煌的，它本身以及它对各个自然学科、工程技术部门的相互作用，深刻地影响着人类对自然的基本认识和人类的社会生活。今天的物理学是一门充满生机和活力的科学，它为当代以及未来高新科技的进步及相关产业的建立和发展提供了巨大的推动力。随着科技的日新月异，为了扩大学生的知识面、激发学生对新科学成就的兴趣、养成学生注意科学发展动态的习惯，教学中必须介绍学科前沿和科学的新成就。但要防止喧宾夺主，"主"就是教材的重要内容、物理学的基本概念、基本定律、基本研究方法、基本思维方法，它包含了对学生从知识到能力的全面培养训练。如果在课堂讲授的宝贵时间里丢开教材的重要内容不讲，去讲一些技术、技巧等枝节问题，就会出现本末倒置。对学科前沿和科技成就的介绍好比触角猎物。失去了机体何以猎物？失去了机体猎物何用？有些前沿的概念在教科书中没有提及，但在物理学的杂志上将会见到，我们常常不可能在讲授时把这类概念讲清楚，如果不讲的话，又可能会造成基本概念的误解和混乱。此时，应该做出最简洁的说明，如温标中的绝对零度，这是一个极限值，不存在比绝对零度更冷的温度。在实验上，可以无限接近绝对零度，但永远不能达到，这个概念是比较容易理解的。但是在杂志上会看到"负绝对温度"的提法，关于"负绝对温度"问题，无法讲清楚，然而必须指出："负绝对温度中'温度'一词的意义不同于热力学第零定律定义的温度，这里的温度是系统处于平衡态时的一个物理量。而负绝对温度出现在远离平衡的非平衡态系统之中，而且负温区不在绝对零度以下，而在无限大温度以上。"讲到这里就够了，既介绍了前沿，没有"喧宾夺主"之嫌，又扩大了知识面，给学生留下了思索的广阔空间，感兴趣有余力的学生可以自己去解决"负绝对温度"概念的问题，也可以利用课外活动时间开讲座，学生自由听。

三、课堂教学艺术问题

课堂是教学的主渠道，教学艺术的主体是课堂教学艺术。课堂教学艺术以实现教学的高效率为目的，是教师遵循教学规律，科学地运用各类教学手段、方法，提高课堂教学质量的综合创造性活动，让所有学生在课堂教学中得到最大限度的发展。通俗地说，课堂教学艺术就是教得好、教得巧、教得美。讲授的艺术是为讲授的效果服务、为学生听课服务，不是演员的艺术，也不是自我陶醉的艺术。对于大学物理的课堂讲授，应该特别注意，遵从美学原理中的和谐奇异原理。在教学中，和谐与奇异的内容很多，这里着重讲如下四个方面：语言、板书、进度、服装。

语言要清晰，声音的高、低、快、慢要搭配合适体现奇异感，有的习惯一句话的尾部声音很轻，听起来很吃力，后排往往听不清。讲课的语言不是演员的台词，它是教师自己思维过程的外在表现，通过语言去引起学生的积极思维。因此，语言的逻辑性要强、条理要清楚。教师要根据学生思维特点，在句与句之间、段落与段落之间留下学生思维的时间，防止一口气讲到底，要不断地观察学生的反映，及时调整自己的速度。话不宜太多太杂，语言要准确精练，有的人生怕讲不清楚，话讲得很多，其结果更不清楚。

板书要安排好，一般把章、节、要点写在黑板的左边，讲完之后，如果需要重复一下要点，则整堂课的提纲都在黑板上了。一般把图解、表格等画在黑板的右边，图要准确、清晰、美观。有的老师常常在黑板上画不规则的草图：水平线明显不水平，垂直线不垂直，坐标系不垂直，直线不直，圆不圆……这样很不美，不但影响讲授效果，还会把这种不良作风带给学生。黑板的中间一般用于公式推导、举例和其他灵活书写，可随用随擦。

课堂进度要掌握好，大学上课习惯 2×50 分钟为一次授课时间，中间休息 10 分钟，防止"前松后紧"，有的教师或由于课堂语言不精练、拖泥带水，或由于过分担心自己讲不透，担心学生没听明白，一再重复，啰唆。到临下课时才发觉还有许多内容没讲，赶紧开快车，甚至拖课，很不和谐，影响了学生听课效果。

上课时教师的服装要淡雅、柔和，防止奢华、富丽和色彩过于鲜艳。尤其是女教师，外形整体上要严肃、端庄、大方，不要浓妆粉黛、着时装。因为讲授的目的在于共同进行思维活动，教师的穿着打扮如果与课堂气氛不协调、不和谐，也会分散学生的注意力，导致学生的思想可能不在听课，而在欣赏或议论教师的穿着打扮。教师可以打扮自己，但应该是在非授课时间。

第三节　物理教学中多媒体技术的应用

随着课程教材改革的全面推行和逐步深入，教学手段的现代化已成为当前实施素质教育、提高课堂教学效率的一个重要问题。当今社会是信息科学技术高速发展的社会，在科学技术发展的今天，教育不再仅仅是"粉笔加嘴巴"的传统模式，现代化教育技术必然会引入教育领域，如计算机辅助教学（CAI）和计算机管理教学（CMI）已成为世界范围的教育研究领域和未来教学的发展趋势。

一、计算机辅助物理教学

（一）计算机辅助物理教学的概念

计算机辅助教学是计算机辅助教育（CBE）的一项功能、一个分支，又称为机助教学，简称 CAI。它可以利用计算机模拟人类的教学活动来达到一定的教学目的。具体讲，就是以计算机技术为媒介，通过存入计算机的管理程序的运行，来实现课堂教学、辅导答疑、实验仿真及测验、考试等教学活动。

CAI 是一种高级的程序教学，它的服务对象是学生。教师事先必须在计算机内贮存大量的教学材料，这些教学材料是按一定的教学程序编制的。使用时，计算机按教学程序向学习者展示教学内容，向学生传授知识、训练技能。

CMI 的服务对象是教师和教学管理人员。根据事先设计好贮存在计算机内的管理程序，它可以帮助教师监测和指导学生的学习过程，评定并记录学生的成绩，并及时提供教学分析报告，它能为教师和教管人员进行教学决策，还能为学生提供相关学习咨询。

目前，计算机辅助物理教学主要是指多媒体微机辅助物理教学，也就是利用多媒体微机的功能，在一定的教学模式下向学生输送物理知识信息（包括文字、图像、音响等），形成一个特有的物理学习环境，借助人机之间的信息交换，进行物理内容的学习。

（二）计算机作为教学手段的特点

1. 信息的表现力强

计算机（尤其是多媒体计算机）几乎可以实现目前所有视听媒体的功能，不仅能呈现出单纯的文字、数字、图片等教学信息，而且能输出动画、视频图像和声音信息，能非常容易地做到教学信息的图、文、声、像并茂，相当于多种视听媒体的组合。由于只使用一种媒体（电子计算机），所以操作更便利、更灵活。这种多维立体的教育信息传播，增强了信息真实感和表现力，可以形象、生动、直观、动态和充分地提供解决物理问题所需的图、文、声、像等综合信息，使抽象的物理问题形象化，具有很强的启发性和直观性。

2. 信息处理和存储能力强

由于计算机的存储容量大、信息加工处理快，因此它不仅可以储存大量的教学信息，而且这些信息可随着教师和学生的意愿方便地进行调用、处理、加工和有机组合；还可以对学生的反应迅速地做出相关判断、评价，并能给出相应的对策。

3. 信息的交互性强

由于计算机是双向媒体，可以通过人机对话方式与学生频繁交流，监测学生的学习情况并能及时将结果反馈给教师，具有很好的可控性和参与性。交互活动可以使学生、教师、计算机之间建立广泛的交流，能让学生积极主动地同教师、计算机进行交互，形成开放的、积极的教学环境，有利于个别化教学和学生自我学习，为开发学生的创造性思维提供必要的条件。

4. 信息技术综合性强

信息技术可以综合利用多种教学活动手段与教学设备，使教学活动形象、生动、有效，从而提高学生的学习兴趣。

由于计算机具有图像处理、曲线描绘，以及人工智能的"思维"功能，因而，它可以将枯燥的学习内容变为形象生动的画面展示出来，形成图文并茂的音画世界，使学生置于特定的学习场景中，从而增强对知识的理解力与感知力，有效地促进学生学习的效果，增强其学习的信心和乐趣。

5. 信息的传输效率高、共享性好

计算机是以多维立体的方式传递教学信息的，这不仅加大了教学信息的传输量，而且丰富、生动、形象的教学信息有利于启发学生思维，因此信息传输的效率较高。此外，随着网络技术的不断发展，课件可以方便地通过网络相互传递，实现网上 CAI 信息资源的共享。通过教学信息的共享，突破了教学的时空限制，学习不再受时间、地点的限制，能实现教学资源的最优化配置，极大地发挥出名师、名校的作用，也为实现个别化教学及远程教育奠定了良好的基础。

（三）计算机作为教学手段的运用

计算机多媒体教学是多媒体组合课堂教学的进一步发展，计算机在物理教学中的应用主要有以下几个方面：

1. 模拟物理现象

通过 CAI 软件，可以在计算机上形象、生动地模拟出许多难以用一般手段显现的现象或通常无法看见的微观过程（例如波动的显现、原子和原子核结构的演示等）。这种模拟过程的制作较电影、电视的模拟省钱省力，可操作性也要强得多。

2. 辅助学生进行物理实验

一是可以辅助学生实验预习，使学生能够明确实验目的，了解实验仪器的某些关键部件；二是可以用微机控制实验条件，采用处理数据，显示结果。

3. 帮助学生练习和复习

教师可针对学生的学习水平编制出程序练习题，供学生循序渐进地反复练习；也可在课程结束或教学至某一阶段时，利用微机引导学生进行复习，以达到巩固和深化所学知识的目的。

4. 丰富学生的物理课外活动

教师可以把一些有趣的物理问题和实验编制成游戏程序提供给学生，来作为物理课外活动的补充，以培养学生学习物理的兴趣。

5. 培养学生的操作技能

很多物理仪器、仪表的使用都可由微机来加以仿真，计算机仿真实验对学生正确使用仪器、掌握某些操作技能、节约实验开支、减少实验的危害性、减少实际实验操作时的失误和损失等方面都具有很大的意义。

（四）计算机辅助教学的基本教学模式

目前计算机辅助教学主要有两种基本教学模式：一种是多媒体计算机演示型教学模式，另一种是多媒体计算机辅助个别化学习教学模式。

1. 多媒体计算机演示型教学模式

多媒体计算机演示型的教学需要教室有多媒体教学系统（或称为多媒体投影电视系统等），是教师利用多媒体演示手段进行的课堂教学。以教师使用课件为主的演示型教学模式，是在现有教学模式基础上把计算机作为新教学手段用于课堂教学中的演示。它既可以动态呈现出物理现象的变化过程，调节事物和现象所包含的时间要素，将缓慢地变化和高速地运动清晰表现出来，将实物放大或缩小，为全体学生的充分感知创造条件；也可以重新组织情景，突出事物的本质特征，促进学生形成稳定清晰的表象，为学生学习概念规律创造条件。在这种模式下教师所需的新技能相对较少，所需硬件条件较低。

这种模式也被称为实验—模拟—强化的教学模式，但由于教师做演示实验时，学生的观察具有滞后性和被动性，并且实验现象很快消失或者可视性较差、不清晰，容易造成大量学生观察困难。在这一教学模式中，先用实物（或视频）进行演示，再利用计算机模拟实验现象的物理过程，然后进行抽象概括、形成概念规律。这样就能充分利用计算机模拟克服上述不足。例如，在讲述横波的形成过程中，只用绳子进行演示，学生很难发现各质点的相继运动而形成横波的概念。如果利用计算机模拟横波的形成过程，可以将绳子上各质点的运动速度放慢，绳子上各质点的运动情况能清晰展现在学生眼前，学生就很容易弄清横波的形成过程。

这种模式的基本流程是：导入新课—演示实验—模拟实验—抽象概括—结论—应用举例。以此基本流程为基础可以有多种变式，如条件可能的话，可以把演示实验改为学生边学边实验或分组实验，这样可以把课堂变成以学生自主探索为主的探索课，更有利于突出学生的主体作用。

2. 多媒体计算机辅助个别化学习教学模式

个别化学习的教学模式受到有志于教学改革的教师们的极大重视。已有许多证据证明了这样的理论，即学习必须由学生自己来完成，当学生按自己的进度学习时便能积极主动地完成任务并获得成功的经验。因此，要根据每名学生的特点和需要，针对每一个目标为每一名学生去设计学习经验，学习便能顺利地进行。多媒体计算机辅助个别化学习的教学需要多媒体CAI教室等硬件设施。在教师指导下，学生利用多媒体计算机进行个别化学习，或通过网络利用家用计算机在家进行学习，也可称为多媒体CAI个别化交互作用式学习。这种模式在计算机辅助教学的初级阶段使用不多。

（五）计算机辅助物理教学应注意的问题

计算机辅助物理教学有许多优点，但要有效发挥计算机辅助物理教学的功能，应当注意以下几方面的问题。

1. 处理好与传统教学手段的关系

计算机辅助物理教学虽然兼有多种教学手段之特长，但也应看到，在教学中只用计算机这一种媒体是不可行的。因为它无法代替在课堂教学时教师与学生的情感交流，无法对课堂的突发事件进行处理，也就难以实现用生动的语言讲解。再加上不可能有十全十美、普遍适用的课件供所有教师和学生上课用，因此，教师上课还应该与其他教学手段，特别是传统教学手段配合使用，才能达到课堂教学的预期效果。目前利用多媒体计算机进行多媒体组合式课堂教学，是我国计算机辅助教学的主要形式。

2.处理好计算机辅助教学中的师生关系

在计算机辅助物理教学中，要使教师的主导作用和学生的主体作用和谐统一。教师利用计算机手段，在常规手段下不能有效创设情景的情况下，创设生动的问题情境，激发学生的探究欲望，让学生提出问题和解决问题；教师利用计算机让学生快捷地收集、探究所需要的信息资源和处理探究所需及所得的数据；教师利用计算机创设一种有助于学生自主、互动的学习氛围；等等。在整个计算机辅助物理教学的过程中，学习的主体是学生，不是教师，更不是计算机。计算机辅助物理教学，千万不能搞成"计算机式的满堂灌"。

3.处理好大容量与高效率之间的关系

计算机辅助教学可以在一节课的时间内比较轻松地提供大量的教学信息，完成较多的教学内容。它加大了课堂教学容量，加快了课堂教学的节奏，这既是优点，但同时又是缺点。虽然大容量、快节奏提高了授课效率，但也会使许多学生对教学内容一知半解，难以消化。所以，大容量有时反而使教学效益下降。因此，运用计算机辅助教学一定要处理好大容量与高效率之间的关系。

4.处理好仿真实验与真实性实验的关系

计算机有强大的模拟科学实验的能力，但仿真实验毕竟不是真实实验，一方面学生无法体验到前人在各种实验设计中所体现出来的物理思想的光辉，另一方面会令学生对实验的真实性产生疑问。因此，一般而言，能做真实实验的应当做真实实验。教师应该尽量创造条件，多做真实实验或让学生做真实实验，这样才能培养学生的实验能力和从事科学研究的态度。当然，有些真实实验可以让学生动手做过以后，再进行仿真演示，这样可以达到相互取长补短的目的。

二、现代信息技术与物理课程的整合

信息技术与学科课程的整合对物理新课程的教学改革具有重要意义，特别是对促进学生探究性学习具有重要作用。

（一）现代信息技术与物理课程整合的概述

1.现代信息技术与物理课程整合的概念

现代信息技术与物理课程的整合是指将信息技术融入物理课程的全过程中去，从而改变物理课程目标、物理课程内容、物理课程结构、物理课程实施和物理课程评价方式，变革整个物理课程体系。现代信息技术与物理教学整合，一方面，要创立信息化物理课程体系；另一方面，要产生以信息技术融合其中的新型的教学方式和新型的师生、生生互动对话关系，建构起整合型的信息化教学组织形式、教学内容呈现方式、课程资源利用的途径和教学评价方法。现代信息技术与课程的整合不完全等同于计算机辅助教学（CAI），它是计算机辅助教学的进一步发展。计算机辅助教学往往只对教学方法与教学手段进行变革，而现代信息技术与课程的整合是将多媒体计算机作为认知工具，实现最理想的学习环境。通过在教学中有效地应用信息技术，促进教学内容呈现方式、学生学习方式、教师教学方式和师生互动方式的变革，为学生创造出生动的信息化学习环境，使信息技术成为学生认知、探究和解决问题的工具，充分发挥学生在学习过程中的主动性、积极性与创造性，培养学生的信息素养及利用信息技术自主探究、解决问题的能力，产生传统教学所不能达到的教学效果。

现代信息技术与物理教学整合突出以下两点：一是整合的主体是物理课程。信息技术与物理课程的整合以实现物理课程目标为最根本的出发点，以改善学习者的学习目的。整合要让信息技术服务于物理教学，既应用于教师的教，又适用于学生的学，让学生能够充分接触、使用信息技术，以信息技术促进学生学习的改善。二是整合是有机的融合。信息技术既是物理教学内容的有机组成部分，又发挥着教学环境的作用。创设数字化的学习环境，让学生能够主动地参与学习，最大限度地接触信息技术，并使信息技术逐步成为学习者强大的认知工具。

2. 现代信息技术与物理课程整合的特点

以计算机、网络为核心的信息技术可为探究性学习的开展、为学生创新能力和信息能力的培养营造最理想的教学环境。现代信息技术与物理课程整合的优势主要体现在现代信息技术的几个特性上，具体如下所述。

（1）交互性。现代信息技术的交互性有利于激发学生学习物理的兴趣和认知主体作用的发挥。网络条件下的学习环境能提供界面友好、形象直观的交互式学习环境，有利于学生的主动探究、主动发现。

（2）多样性。现代信息技术能提供外部刺激的多样性，有利于物理概念和实验模拟过程的获取与保持。利用现代信息技术提供图文声并茂的多重感官综合刺激，有利于学生更多、更好地获取关于客观事物规律与内在联系的知识。

（3）超文本特性。现代信息技术的超文本特性可实现对教学信息最有效的组织与管理。按超文本方式组织与管理各种教学信息和物理知识，有利于发展联想思维和建立新、旧概念之间的联系。

（4）网络特性。现代信息技术的网络特性有利于培养学生的合作精神，并促进高级认知能力发展的协作式学习，现代信息技术的超文本特性与网络特性的结合有利于培养创新精神和促进物理研究的探究性学习。

3. 现代信息技术与物理课程整合的作用与意义

现代信息技术与物理课程的整合不仅使信息技术所研究的对象有了拓展，还使物理课程的教学有了更有效的手段用以突破学生学习活动的重难点，从而使两者都焕发了自身活力。通过将现代信息技术与物理课程的有机整合，将对物理教学的各个方面产生积极的影响和巨大的促进作用。

（1）促进教学呈现方式的变革。传统教学是以黑板、粉笔、课本等作为教学的呈现方式，对感官的刺激比较少。现代信息技术与物理课程的整合，使教学有了新的呈现方式，现代信息技术对感官的刺激角度是多方位的，更有利于信息的输入和学生对信息的获取、筛选和处理。同时，现代信息技术与物理课程的整合，可以使更多的学生能够主动、自主地学习，更能够体现因材施教的原则。现代信息技术与物理课程的整合丰富了学生的学习方式，为学生提供了更多的学习时间和更大的学习空间。

（2）促进教师教学方式的变革。现代信息技术与物理课程的整合，使得物理教师的备课，不仅仅是备教材、备学生，更应该是备课堂教学与信息技术的结合。完美的结合能够给学习者带来美妙的享受，并且能够激发学生的学习热情，能够提高课堂教学效率。完美的结合还能够给教师带来成功的感触，能够激发教师的工作热情、提高教师专业水平。

（3）促进教学内容与教学资源的变革。现代信息技术与物理课程的整合，使教学内容从封闭走向开放。课程资源的物化载体不单是教学用书、参考资料等纸质印刷品，学习者可以直接从信息化环境和数字资源中获取相关知识。

（4）促进师生互动方式的变革。现代信息技术与物理课程的整合，为实现师生互动提供了桥梁和纽带，为师生互动提供了新的交流方式。合理的组合使得物理课堂的教师"教"和学生"学"不再是传统意义的教学，而是学生在自主学习、不断交流中，通过教师的引导达到更深层次的学习目标。

（二）现代信息技术与物理课程整合的教学模式

目前，现代信息技术与物理课程整合的主要教学模式是网络环境下学生自主学习模式，是学生通过网络自主探究学习和实行互动的教学模式。在这种教学模式中，教学设计从以知识为中心转变为以学生为中心、以资源为中心，学生在占有丰富资源的基础上完成种种能力的培养，学生成为学习的主体，教师成为学生学习的指导者、帮助者和组织者。这一模式是多媒体 CAI 个别化交互作用式学习模式的进一步发展。

1. 网络环境下学生自主学习模式的基本教学流程

在探究性学习的教育思想、建构主义学习理论指导下，建构现代信息技术环境下物理探究性学习教学模式的基本流程如下。

（1）应用信息技术启发学生提出问题。爱因斯坦认为："提出一个问题往往比解决一个问题更重要，提出新的问题需要有创造性的想象力，而且标志着科学的真正进步。"提出问题是探究性学习中的首要环节，对于诱发探究动机、引导学生进入主动探究状态具有重要作用。应用信息技术创设情景，鼓励学生提出问题和进行大胆的猜想。在计算机提供的动态、开放、交互的环境中，学生的思考能得到及时的反馈，通过学生的动手实践总会有新的发现，从而使其好奇心和求知欲得到满足和加强。

（2）应用信息技术收集事实证据。在提出问题的基础上，学生根据已有的知识和经验作出假说和猜想，然后制订出较详细的探究计划，计划中应明确所要收集的事实（证据）以及收集事实的方法。在收集事实的过程中，除了物理实验外，信息技术也可以帮助学生更方便、快捷、高质量地完成某些探究任务。学生可从主题知识库以及互联网中查找、评价、收集有关信息，还可利用仿真物理实验软件进行模拟实验研究。通过计算机模拟的实验收集数据，使学生有可能像科学家那样进行科学研究，从而使学生获得进行科学探究活动的经验。

（3）应用信息技术实施检验与评价。学生可应用信息技术对所收集的证据进行筛选、归类、统计和列表分析等综合处理，运用已有的科学知识，采用近似、抽象化、模型化等方法得出符合证据的解释，并且收集到更多证据支持解释，检查解释及过程、方法是否存在问题，必要时提出改进措施。

（4）应用信息技术发表与交流。在检查和思考探究计划的严密性，搜集证据的周密性，以及解释的科学性，并对结论的可靠性做出评价后，学生可应用信息技术进行发表与交流。

在这种教学模式中，教师需要经过信息的收集、处理和再加工，创建便于学生自主探索的物理学习资源系统。这个系统以超文本方式组织的教学信息，为学生提供多种学习途径，有利于学生根据自己的认识特点进行意义建构。

2. 网络环境下学习资源系统的基本条件

在网络环境下开展自主学习，其学习资源系统要具备以下几个基本条件。

（1）能与校园网、互联网互联。

（2）界面友好，便于操作。

（3）材料丰富且充分兼容，便于学生的多向思维。

（4）有很好的交互功能，便于学生的协作学习。

这样的学习资源系统最好是一个学习网站，其内容可包括以下几个方面：一是学习理论和学习方法的指导，可以帮助学生明确学习目标、提高学习效率；二是电子课文，将学习内容以超文本的形式表示，插入必要的图片、声音、动画和视频片段；三是习题库和学生自我评价系统，便于学生进行练习和自我测试；四是在线交流系统、网上讨论区和教师邮箱，便于学生与学生、学生与教师的相互交流；五是网络学习资源导航系统，使学生能方便地找到与学习内容相关的网络资源。

总之，现代信息技术与课程的整合无疑将是信息时代中占主导地位的教学方式，倡导和探索现代信息技术和课程的整合，对培养学生的创新精神和实践能力有着十分重要的现实意义和深远的历史意义。目前它仍然是一个崭新的研究和开发领域，为此，每位教师都应该积极投身于这项教学改革中，为现代信息技术与课程的整合做出一定的贡献。

第五章 大学物理教学质量的测量与评价

从教育学观点来看，物理教学是发展学生智能和思想的过程，它需要随时检查学生的学习和发展的情况；从信息论的观点来看，物理教学是信息的传递和转化过程，需要有反馈信息以实现对过程的调控。为此，有必要对物理教学进行相关测量，测量的目的是要对教学系统中诸因素功能的发挥及其效果做出评价，以不断改进教学。

物理教学测量是在教育测量理论指导下的学科性测量，是整个教育测量的一部分。物理教学评价是按照一定的参照标准对物理教学效果予以评估和价值判断，二者都是物理教学过程中不可缺少的重要环节，它们相互联系但又有一定区别。

第一节　大学物理教学测量

测量的前提和基础在于任何事物和现象都在不同程度上存在差异。人们认识事物，研究并准确把握其属性，没有对事物量的认识，即离开数量化的描述也是不可能的。依据一定规则，对事物属性进行量的测定，即通常所说的测量。测量的最基本特征是将事物及其属性进行程度或数量上差异的区分。这种区分的过程必须按照一定的法则进行，区分的结果必须能够用数学的方式进行描写。因此，测量可以被较严格地定义为：依据一定的法则，对事物及其属性利用数字或符号进行量的确定过程。

一、测量要素和条件

物理教学测量是按照一定的规则，对学生在教学过程中对物理知识和技能的掌握和熟习程度以及与此相关的心理活动变化赋予数字的过程，测量的直接目的是检查学生达到教学目标的程度，或了解其相关智能的发展状况，为评定学生的学业成就或选拔物理人才提供重要的依据。同时，根据测量结果可以分析物理教学计划的合理性，衡量教学计划的实施是否得当，评价教材是否符合教学目标的要求和学生身心的实际，为教师改进物理教学提供客观的依据。

任何一个测量都包括三个要素：①事物及其属性；②法则；③数字或符号。事物及其属性是测量的对象或目标。法则是指引我们如何测量的准则和方法，即在测量时，给事物及其属性指派数字的依据，依据法则可以制成各种量具。法则的好坏直接影响测量的结果。因而，法则是测量概念中最重要的要素。数字或符号仅代表某一事物或事物的某一属性，但只有当我们赋予它意义时，在一定条件下，它才具有量的特性，并且数字系统本身具有一些特性，如区分性、序列性、等距性和可加性，但数字所代表事物的某一属性不一定具有同样的性质。在制定法则时，一定要明确指出如何指派数字与事物以及所采用的数字具有什么特性。

任何测量必须满足等值单位、参照点和量表三个条件。

等值单位是对量具的基本要求。一方面，单位要具有确定的意义，即对同一单位，所有人的理解都相同，不允许有不同的解释；另一方面，单位的距离要等值，通常教育与心理测量的单位都不是绝对等值的。

对同一事物同一属性或不同事物同一属性的测量，若参照点不同，测量的结果就会不同，也就无法比较。参照点分为绝对零点和相对零点，后者是人为确定的。在教育测量中的参照点一般都是相对零点，在相对零点的量具上的数值只能表示差异的大小，不能以"倍数"的方式解释。

测量某种事物总需要先有一个具有单位和参照点的连续体，用以确定该事物的数量，这一连续体就叫量表。教学测量常用的量表或量具大多以文字试题的形式出现，也有以图形、符号、操作要求的形式出现的情况。

根据测量的一般概念，我们可把物理教学测量定义为：根据一定的客观标准运用各种手段和统计方法，对物理教学领域内的事物或现象进行严格考核，并依一定的规则对考核结果予以数量化描述的过程。它是进行统计分析的依据，也是进行教学评价的基础。同时，测量的结果只有通过评价环节才能获得实际的意义。

二、物理教学测量的特点

物理教学测量不同于一般的物质测量，它具有自身的特点。

（一）间接性

物质测量可以很方便地使用仪器进行，但教学测量比一般的物质测量要复杂得多，它所测量的是教学活动中教师和学生的外显行为或外在表现特征。我们只能根据这些外显行为或外在表现特征对教师的教学工作成效和学生学习的质量做出相关推断，因此，教学测量是一种间接测量。这就使得教学测量具有不可消除的系统误差，因为教学测量只能就有关的外显行为取一组样本，不可能是有关行为的全部。因此，样本的选择是否合理，是否有代表性，代表的程度如何，也就导致了系统误差的出现。系统误差的大小，将直接影响测量结果的准确程度。

（二）随机性

在物质测量中，我们知道，使用同一工具、采用同一种方法对某一个量进行多次测量，其结果将不完全相等，这是由于测量中存在着随机误差的缘故。但是，如果采用多次测量取平均值的方法，则几乎可以消除随机误差。然而，在教学测量中，不仅很难排除一些偶然因素的影响，而且同一测量更不可能在同一时期连续多次地进行，因而教学测量存在着不可避免的随机误差。随机误差的大小，将直接影响测量结果的可靠程度。

（三）目的性

教学测量是一种具有明确目的的测量，整个测量过程包括内容、难度、程序和方法等方面，这些都要符合测量的目的，都要以课程标准和教材内容为依据来进行制定。

（四）相对性

教学测量的相对性是指测量结果的相对性，如一名学生在一次测验中的得分只是相对于该次测验才有意义，该学生的程度水平也只有放在被测者的群体中才能确定高低，并且教学测量的结果若不经转化或转换，只能提供一种顺序关系。在教学测量中，测验分数的零点往往不是从绝对零点开始，即测量的参照点是相对零点，这一点与物质测量结果的绝对意义有很大不同。一般在教师的自编测验中，所得到的结果只是一个相对量数，不等距，因此，不能直接进行加减运算。

三、物理教学测量的方法

物理教学测量的内容不仅包括知识、技能和能力，还包括兴趣、态度、情感等方面的行为表现。由于不同的内容有不同的特点，所以，测量不同的内容应该采用不同的测量方法。常用的教学测量方法有观察法、教育调查法和测验法。

（一）观察法

观察法是在某种条件下，以观察学生的特定行为表现为目标的测量方法。它常被应用于难以用纸笔测量的领域，如态度、兴趣、习惯、操作及技巧等方面。观察法常用的评定工具是制定观察评定量表，制定此表的要求是：将学生在活动中预期的行为表现或学习结果，用具体统一而明确可测的操作性语言加以表述，以此为标准判断学生在活动中的等级水平。

在使用评定量表时，要尽量防止和避免个人偏见、逻辑错误等现象的发生，以提高评定的一致性和客观性。

（二）教育调查法

教育调查法是指为了达到一定的研究目的，依据有关的教育理论，通过观察、访谈、调查表、问卷、个案研究等方式，有目的、有计划、系统地收集有关教育问题或教育现状的资料，并在对收集到的资料进行科学分析的基础上获得关于教育现象的科学认识，提出教育问题解决方案或揭示教育规律的一种研究方法。

教育调查的基本特征在于着重描述现有事件和现象，在自然条件下收集有关资料。

教育调查不仅可以了解教育现状、掌握有关动态和信息、为教育决策提供依据，还可以验证某种假设，发现新情况、新问题，提出新见解或新理论。

教育调查的步骤要经过制订调查方案、实施调查和收集数据、整理和分析数据、写出调查报告 4 个阶段。要根据调查的目的、人力、物力和时间等条件来确定调查的范围；根据调查的目的和任务确定调查的对象。调查的范围要清楚、调查的对象要明确，否则就会影响调查资料的准确性。

把调查的任务分解成一个个具体的可操作的项目。调查的项目就是调查的纲要，它要求：调查的项目应能充分反映调查的目的；项目的表述要简明、清晰，便于在实施中操作；项目的设立还应考虑到便于调查后归纳、统计和分析等。

此外，还要考虑调查的组织工作，以取得调查的最佳效果。教育调查的基本方法有问卷法、表格法、个案调查法和谈话法。

问卷法：它是把所要调查的问题或事项列在"卷"上，要求被调查者以书面的形式回答，从而获得所要了解的情况，并取得资料和数据的一种调查方法。问卷的内容可分为：①调查事实的问卷；②调查对事物的意见、倾向及评判的问卷； ③调查情感、态度的问卷等。

表格法：它是根据调查的目的，事先设计好调查表格，使被调查对象按要求填写的一种调查方法。

谈话法：这种方法是通过面对面交谈的方式，询问有关问题。利用谈话法，可以调查思想、兴趣、态度、品德等内心活动的问题，也可以了解学生掌握知识时的认知特点、思维状况、推理过程以及学习中的困难及原因。因此，谈话法有诊断价值，但对谈话结果的分析易受个人偏见的影响。

个案调查法是教师针对某些在学习上和行为上有突出问题的学生，为深入了解整个问题的情况、原因及发展等，广泛地收集有关资料，以做出整体性的诊断、解释与诊疗而采用的调查方法。收集的资料要全面而详细；对个案调查结果的解释与处理也要客观、合理。

（三）测验法

测验法是指通过选取具有代表性的一组试题对学生施测，然后根据解答的过程和结果获得可靠的成绩评定的一种方法。测验法的实施程序主要包括：考查目标的确定，试卷的编制、施测、评分和分数的解释等。测验可以根据不同的分类标准去加以分类，但测验有两种最主要的形式：常模参照测验和目标参照测验。一个好的测验既是有效的又是可靠的。

四、物理教学目标的测量

教学目标是预期学生通过学习在知识、解决问题能力、态度和价值观等方面的发展变化，即加涅所称的学习结果。

（一）题型分类与比较

对学生学习结果的测试主要是通过学生完成特定的测试题实现的，常见的试题题型有：主观性试题、客观性试题和限制性试题。

主观性试题的答案完全由答题者给出，命题者几乎不作限制，几乎没有标准答案（只有答案要点），因而评分时受评分者主观因素的影响较大，此类题型亦称为论文式试题或开放型试题。

客观性试题则相反，答案的范围已被明确给出，答题者只需从中做出选择，不同的评分者可以得出完全相同的评分结果，评分极具客观性。

限制性试题答案的确定性则介于前两者之间，答案虽未给出，但题目有较明确的限定，其评分的客观性依具体试题编制方法而定，但不论怎样，其评分的一致性应是介于客观性试题与主观性试题之间。

题型还可分为构建和选择式两大类。构建式就是要求学生自己组织语言来回答问题；选择式就是学生从题目已给出的几个答案中选择出正确的答案。这同样也是一种很有意义的分类。

由于不同的题型提供的信息线索不一样，线索多，解决的难度自然就小一些，因此即便是对同一知识、层次的测试，教师也可以通过选择不同的题型来变化测试的难度。

（二）学习结果的测量

学习结果的测量是对学生的学习水平进行评价的基础，是教学活动中必不可少的过程。在教育心理学中，测量就是根据一定的心理学理论，使用一定的操作程序，针对学生的学习与行为确定出一种数量化的价值。在测量时，凡是测验情境与原先的学习情境相同，或只有细微的改变，这样的测验所测量的都是学生回忆知识的能力。如果测验的情境与原先学习时的情境发生程度不同的变化，那么所测量的是高低层次不同的智慧能力。变化程度小的测验情境，所测量的是学生领会和运用能力；变化程度大的测验情境所测量的是学生分析、综合和评价能力。

1. 事实性知识的测量

事实性知识学习的结果，要求学生经过事实性知识的学习后可以陈述事实性知识的内容或者说再现知识的内容。再现知识内容一般会采用填空、选择的方式进行测试。

2. 概念和定理的测量

概念和定理的学习有机械学习和意义学习两种情况。机械学习后，学生能够按原文呈现的方式陈述知识的内容。意义学习后，学生能够用自己的语言陈述知识的内容，并能够自己举出符合概念、定理的例证，布卢姆称此行为达到了领会层次，并给出三种领会的外显行为。

解释：所谓解释实际是学生能够用自己的语言来陈述概念、定理的意义，而不拘泥于原文的呈现方式。

推断：根据交流中描述的条件，在超出既定资料之外的情况下延伸各种趋向或趋势。

转换：学生能将材料从一种形式变成另一种等价的表达方式，包括将文字转化为图表、图表转化为文字、变化文字表达方式等。

3. 概念和规律运用的测量

在学习概念和规律后，学生可以解决一些主要运用特定的概念和规律就可以解决的问题。其测量方式：给出需要解决的问题供学生完成，题型可以是选择、填空、计算等。

4. 系统化知识的测量

学生习得系统化的知识系统，以图式、命题网络等形式存储。可以让学生陈述哪些知识点间有关系和有什么关系，以达到测量系统知识的目的。

5. 复杂习题解决

物理习题需要运用多个物理规律求解，物理习题属于结构良好的问题解决。结构良好的问题解决是指问题的解决有明确的目标、解决步骤，并且解决需要运用多个概念、定理，结合一定解决策略完成。

测试方法可采用综合题形式，采用填空、选择、计算题等均可。教师都非常熟悉这种测量形式，在此就不再赘述。

6. 认知策略的测量

在一次具体类型的学习活动中，或多或少都要运用认知策略，学生习得具体的学科知识，由于学习过程中又运用策略，因而自发或在教师引导下也会习得策略。策略的学习一般也有三个层次结果：

一是学生知道并能够回答所使用的策略——"知识或言语信息"；

二是学生理解该策略使用的条件和场合——"理解"；

三是学生能够在解决一定问题时运用该策略——"运用"。

7. 对态度及科学精神的考查

态度有三个成分，学习者能够举例陈述态度的认知内容，或能够从自己及他人的行为中辨识出所体现的科学精神，表明学习者达到了理解层次；如果学习者能够稳定地表现出特定态度或科学精神要求的行为，说明学习者达到了性格化阶段。

显然，纸笔考试中对态度的考查，一般只能要求学生回答特定态度的认知内容和相应行为，即"理解"层次。

五、物理教学测量的功能

概括地说，物理教学测量具有如下几种主要功能。

（一）反馈功能

在物理教学过程中不同阶段、不同形式的测量，对教师而言，可以了解学生的学习情况以及整个教学目标的达成情况；对学生而言，可以了解自己的学习效果，所以具有反馈功能。

（二）评价功能

这是各类物理教学测量共同的功能，但是测量的种类不同、测量的目的性不同而导致评价的具体内容并不一样。物理学业成就测量是通过测定学生个体对所学物理知识的掌握、运用情况和对物理实验的熟练程度，来评价学生完成学业的圆满程度；物理智力、能力测量和学习物理的非智力因素测量，主要是对被测量与学习物理有关的各种智力因素和非智力的结构、效能、相互协调和被激励的程度及其影响等诸方面做出分析和评价。可见，前者是关于效果的测量，后者则主要属于素质测量。如果物理学业成就测量是对全体学生进行的，而且测量的目标与教学目标是相一致的，那么测量结果对评价教师的教学效果则具有一定的参考价值。由物理教学测量做出的分析或评价存在准确性或中肯度的问题，它还受到各种因素的影响，首先最直接的影响来自测量的质量，其次是测量的有效次数。一般而言，基于对多次教学测量结果的综合分析而做出的评价，其中肯度比较高。

（三）诊断功能

诊断功能又称为反馈功能，因为通过对测量结果的分析，可以发现学生在掌握物理知识和发展能力方面的不足或缺陷，从中诊断出造成这些缺陷的具体原因（基础较差、注意力不集中、学习不得法、巩固工作没做好或与教学方式不适应等）。这些发现和诊断意见就是反馈信息，据此学生可以有针对性地对自己的学习状态做出调整，迅速去弥补缺陷，或者改进学习方法；教师可以对先前的教学采取必要的善后措施，有针对性地制订或修订后继的教学方案或改进教学方法。

（四）激励功能

有效的教学测量可使教师明确自己在教学上的得失，从而进一步巩固或调整教学策略。同时，能够使学生发现自身优点或不足，激励其不断发展。

（五）预测功能

根据测量结果可以对被测者后继学习或从事有关工作的胜任程度做出预测，从而为升学录取、分班编组、毕业分配或各种目的人才选拔提供重要的依据。同时，物理教学测量对于低年级学生今后的智能发展方向，以及高年级学生的专业取向也有很强的咨询和指导作用。

第二节 大学物理教学评价概述

一、物理教学评价的含义

物理教学评价是根据一定的教学理念和评价理论，运用多样化的测量手段，物理教学共同体成员对教师的物理教学和学生的物理学习的状况进行描述性的分析研究，并依据这些分析研究对教师的教与学生的学的过程及成果做出价值判断。

（一）受一定的教学评价理念指导

任何教学评价都受制于一定的评价理念。在物理教学评价中，传统的教学评价理念是"终结性评价"，即将教学评价作为评判教学效果好坏、成绩优劣的工具，特别强调评价的甄别与选拔，及评价的标准化。当前，我国普通高中物理课程标准倡导的教学评价理念是"发展性评价"，评价的根本目的在于"促进发展，弱化原有的甄别与选拔的功能，关注学生、教师、学校和课程发展中的需要，突出评价的激励与调控的功能，激发学生、教师、学校和课程的内在发展动力，促进其不断进步，实现自身价值"。这种理念重视利用评价促进学生科学素养的综合发展，尤其是创新、探究、合作与实践等能力的发展。它关注利用多元的评价满足学生的差异性需求，促进他们在原有水平上的提高和发展的独特性。评价的目的是提高学生的科学素养和教师的教学水平，为学校实施素质教育提供保障。评价的内容要从知识与技能、过程与方法、情感态度与价值观三方面关注学生的发展，为学生有个性、有特色的发展提供空间，倡导评价方式的多样化，要对形成性评价和终结性评价予以同等重视，使发展变化过程成为评价的组成部分。

（二）运用多种方式获取评价信息

物理教学评价要运用多样化的测量手段来测量教与学的有关信息。传统的物理教学评价以纸笔测试为主要甚至唯一的评价依据。应当说，在物理教学中，纸笔测试是获取评价信息的重要方式，却是不全面的方式，因为纸笔测试更多的是反映学生在掌握知识与技能方面的情况。因此，如果仅仅以这种方式获取的信息作为评价依据，那么评价的结果一定是不全面、不准确的。发展性评价理论的核心理念是"评价的根本目的是有助于促进学生的发展"。为达到这一目的，物理教学评价不仅要转变评价的价值取向，而且要采用多样化的手段测量物理教学的信息，用多样化的评价方式，来促进学生的发展和教师专业的成长。因此，要改变以纸笔测试为唯一信息源的评价方式，提倡评价信息来源的多样化，如采用纸笔测试、实验操作、课题研究、行为观察、成长记录、活动表现等多种方式获取评价信息，以全面了解学生的知识与技能、过程与方法、情感态度与价值观等各方面的进步与成长情况，达到准确、客观、全面地评价学生成长经历和学业成就之目的。

（三）对物理教学的过程及做出价值判断

物理教学评价要根据测量所得的信息，对物理教学的有关情况进行事实性描述分析。它主要包括对教师的教学、学生的学习过程和成果、教学管理等做出描述。在此基础上，物理教学评价要根据评价的理念和理论，对教学质量的水平、优点与缺点及其原因等做出判断。通过这一判断过程，学生和教师获得必要的信息，以便学生调整自己的学习、教师调整自己的教学，从而促进学生更有效的学习和教师更有效的教学。为了达到这一目的，物理教学评价要对物理教学各个方面的情况做出客观的描述，这是进行价值判断的基础；而价值判断则是对这种描述的质的深入。物理教学评价不仅是某个教学终结时对教师的教学质量、学生学习结果进行测量与价值判断，而且应当贯穿于整个教学过程之中。也就是说，物理教学评价要重视过程性的评价，并根据评价信息及时改进与完善教学，有效促进学生发展和教师专业素养的提高。

二、物理教学评价类型与方法

（一）形成性评价、总结性评价和诊断性评价

根据教学评价在教学中所起的作用不同，教学评价可以被分为形成性评价、总结性评价和诊断性评价。

1. 形成性评价

形成性评价是对学生学习进展的评价，是在教学过程中为改进教与学而进行的评价，形成性评价注重对学习过程的指导和改进，强调评价信息的及时反馈，旨在通过经常性的测评，提高学生的学习效果并改进教师的教学方法。要使形成性评价发挥作用，首先，要以学生发展为本，利用形成性评价改进教学和促进学生的学业进步；其次，要通过多种渠道、多种方法，如观察、谈话、讨论、问卷、非正式测试等，收集、综合和分析学生日常学习的信息，持续地做出评价反馈并对教学做出调整；最后，形成性评价重视学生的自我评估，让学生经常性地用非正式的评价手段对自己的学习过程和成果进行反思性评估，使学生能利用形成性评价来促进自己的学习。

2. 总结性评价

总结性评价也称为终结性评价，是在一定阶段的教学结束之后对教学的结

果所进行的评价。显然总结性评价与形成性评价是不同的。第一，总结性评价关注的是整个教学阶段所产生的结果，目的是提高整体的教学效果。第二，一般而言，总结性评价更多地与分数鉴定的目的、教学效能核定联系在一起。第三，总结性评价往往起外部导向和管理之用，评价的报告主要呈递给各级的管理人员，以作为他们制定政策或采取行政措施的依据。第四，总结性评价对数据的收集和分析都比形成性评价更正式和正规。它尽管也采用一些形成性评价时采用的方法，如访谈、观察以及调查等。但总结性评价在很大程度上依赖正式测试与测量的策略和统计分析来评价教学的效果。第五，总结性评价考察的是教学最终效果，因此它是对教学活动全过程和结果的检验，一般是在教学过程结束后进行的。另外，总结性评价通常是由外来的专业评价人员来执行。学生的毕业考试、教师的考核、学校的鉴定等都属于总结性评价。

3. 诊断性评价

诊断性评价又叫作前置性评价，是教师为了了解学生的学习情况和学习困难原因而进行的评价活动。它主要根据学习任务、学习背景和学生学习水平，对后续学习可能存在的困难和问题及其原因做出诊断，以便"对症下药"地进行教学设计。诊断性评价可以在教学开始时实施，也可以在教学过程中进行。为了发挥诊断性评价的作用，一般需要根据学生存在问题的周期性与规律性的经验，对学生可能的学习难点、困惑、思维障碍，设置相应的检测性问题或编制相应的调查问题，通过对这些检测性问题解决的反应或调查反馈的信息，了解他们对后续教学可能存在的知识、技能、能力、态度等方面的问题或缺陷，并推断他们产生这些学习问题或缺陷的原因，采取补救措施，从而做到因材施教。

（二）相对评价和绝对评价

根据评价的目的和对结果阐释方式的标准，教学评价可以分成相对评价、绝对评价和个人内差异评价。

1. 相对评价

相对评价又称为常模参照评价，它主要用于测定和判断教师教学和学生学习在团体中的相对地位。在实施相对评价时，先要从评价对象的集合（如教师、学生、学校等）中选取一个或若干个作为基准或常模，然后将各个评价对象与这个基准或常模相比较，再推断出这些评价对象的相对等级。相对评价的特点是：第一，相对评价的结果只表明被评价对象在其所在群体中的相对位置，而不表明其绝对水平，也不表明其达到预设目标的程度。第二，由于相对评价的标准是相对的，因此评价结果也是相对的。如果总体水平低，其中的优秀者也未必真优秀。这种方法适合于以区分和选拔为目的的评价，而不适合于以改进工作为目的的评价。第三，相对评价的量化工具一般要求假定原始分数是正态分布形态的。第四，相对评价一般用于群体内比较，以群体的平均数为群体的基准，以其他成绩与基准的相对位置来区分学生。因此，相对评价表现出强烈的竞争导向，往往会引发不科学的竞争手段及由竞争引起的有害学生健康发展的负面影响。

2. 绝对评价

绝对评价又称为标准参考评价，是指以一种客观教学目标为标准和依据的评价。这种评价并不是要确定评价对象在群体中的相对位置，而是要评估出评价对象"达标"的程度或存在的问题。例如，在对学生的学习进行绝对评价时，先要按照"课程标准"制定教学目标，这些教学目标包括"知识和技能""过程和方法""情感态度价值观"等各方面所要达到的要求，接下来在教学后采用一定的方法来检测学生在这些方面的变化及达到的水平，然后对学生已达到的水平与制定的目标进行比较，来判断学生学习达标的程度。绝对评价的特点：一是评价一般以预设的目标为标准，其结果只是表面绝对水平，即个体达到预设目标的程度；二是评价标准一般依据绝大部分的个体水平来制定，因此，这种评价结果并不适合以区分和选拔为目的，却能作为改进面向全体学生的教学工作的依据；三是评价结果可能呈现非正态分布，由于以"达标"为标准绝对评价是一种基本要求，如果教学得当，大多数人学习将呈现一种高达标的非正态分布；四是绝对评价一般不用于群体内的比较，不以成绩来区分学生。因此，只要评价标准适当、教学适当，绝对评价就能够让学生体验到"成功学习"的愉悦，强化学生的学习动力，有效避免由过度竞争导致的负面效应。

3. 个人内差异评价

与绝对评价、相对评价不同，个人内差异评价是依据个人的某些标准来评价的。个人内差异评价一般可以分为个人内差异的横向评价和个人内差异的纵向评价。横向评价是对个体的同一学科不同内容的学业情况，或不同学科的学业成就进行的横向比较评价。如对一名学生的物理测验中各个知识点的成绩的比较与评价，对一名学生的物理测验成绩与数学测验成绩的比较与评价等，就是个人内差异横向评价。纵向评价是对个体两个或多个时间内的学业成就进行的前后纵向比较与评估。如对一名学生前一次物理测验的成绩与后来一次物理测验的成绩进行比较与评价,对一名学生不同时期的实验能力的比较与评价等,就是个人内差异纵向评价。

在许多情况下,利用个人内差异评价可以避免相对评价和绝对评价的局限,能更好地发挥评价的积极作用。如一些学习基础较差的学生,通过一段时间的努力,取得了很大的进步,但在相对评价和绝对评价中不一定能反映出他们明显的进步。一些学习能力较差的学生,学习态度认真,但成绩不够理想,仅用相对评价和绝对评价对学生成绩进行比较,便对学生失去了肯定和鼓励的作用。个人内差异评价尊重个性特点、照顾个别差异,通过对个体自身的各个方面进行纵向或横向比较,判断其学习的状况、优势、进步、不足等。这种评价既不与客观标准比较,又不与其他被评价者比较,若运用得当,可以发挥评价促进学生发展的作用。

(三)量化评价和质性评价

根据教学评价是否量化,教学评价可以分为量化评价和质性评价。

1.量化评价

量化评价是指把复杂的教育现象和课程现象简化为数量,对其进行全面深入的定量分析,从数量的分析与比较中制定出量标,并按一定的量标来推断某一评价对象的成效。它是建立在科学实证主义认识论的基础之上的,认为只有定量化的研究和量化的数据才是科学的,才能得出客观可信的结论。量化评价具有简单明了的特点,能够直接反映评价对象的特点,适合于某些单纯的课程现象。

量化评价常用的手段有两大类:一类是描述性量化方法,即用数量化信息对教学评价的事物进行描述;另一类是推断性量化方法,即通过一定的数学工具对教学评价事物的数据进行分析,推断它们的性质。

(1)描述性量化方法。常用的描述性量化方法主要有百分法、标准分数法。

第一,百分法。百分法是最常用的评估方法。在考试或测验中采用百分制来评价学生的表现,通常设定60分和60分以上为及格标准。但百分法过于简单,得分在不同的科目之间不具备可比性,不同次测验的成绩也不具备可比性。

第二,标准分数法。鉴于百分法具有分值差异不等值性、不同科目分数不等值性等缺点。现在常用标准分数来评价学生的量化表现。用标准分数法可以分析正态分布情况下个体在群体中的相对位置。标准分数法种类很多，常用的有 Z 分数、T 分数、九级标准和百分等级等。标准分数法对同一科目的两次考试的得分可以进行比较，对不同科目考试得分也可以进行比较。

（2）推断性量化方法。通过一定的数学工具对教学评价的情况进行推断，这需要对教学评价样本进行测量统计，并以此来推断总体相应的参数。最常用的方法是对差异性是否显著的检验。通过检验，如果结果表明差异显著，就说明两个统计量（如样本的平均数、标准差和相关系数是由样本算得的）所标志的两个总体之间确有差异。如果检验结果差异不显著，那就意味着两个统计量之间的差异是由随机误差造成的，具体的统计方法有 Z 检验、t 检验、x^2 检验、方差分析等。其中，Z 检验用于在大样本、正态分布的情况下判断两个平均数差异是否显著，t 检验用于判断小样本的差异性是否显著，x^2 检验适用于对计数性质数据的检验，方差分析用于评估多种因素影响或多组平均数的比较。

2. 质性评价

质性评价是指企图通过自然的调查，全面、充分地揭示和描述评价对象的各种特质以彰显其中的意义，促进评价者的了解。它是建立在自然主义认识论的基础之上的，主张评价应采用访谈、调查、查阅文献资料等方法，来全面反映教育现象和课程现象的真实情况，为改进教育和课程实践提供真实可靠的依据。但由于质性评价是对不同评价对象做出定性结论，所以不能做到对各类评价对象间的精确比较。就质性评价方法本身而言，它带有更强的过程性、情境性以及民主协调性等。它通常记录学生的各种行为表现、作品或者思考等描述性的内容，而不仅仅是一个分数。它不仅具体、直观地描述出学生发展的独特性和差异性，而且较好地全面反映学生发展的状况。质性评价方法可以较好地弥补量化评价方法的不足。量化评价和质性评价方法并不对立，两者可以在同一评价过程中结合起来运用。常用的质性评价方法有观察评价法、档案袋评价法、表现性评价法、真实性评价法、情景测验法等。

（1）观察评价法。观察评价法是指评价人员有目的、有计划地通过感官和辅助仪器，对教学事物进行考察，从而获取教学的经验材料并对它们进行分析和评价的方法。利用观察来进行教学评价，第一，要根据评价目的的需要，明确观察目的，确定观察范围、对象和方法。第二，观察法收集的是第一手材料，具有直接性。要保证观察的客观真实，就要求评价人员能客观、全面、详细地进行观察和记录。第三，对观察所获取的材料要进行整理和分析，要避免片面性和表面性，有时需对评价对象进行多次详细观察，缜密地分析观察材料，使评价的结论具有较高的效度。

（2）档案袋评价法。档案袋评价法是指评价者和学生一起收集、记录学生自己、教师或同学做出评价的有关材料，学生的作品、反思以及其他相关的证据和材料，以此来评价学生发展和进步状况。

档案袋内作品主要记录了学生学习计划的产生过程，以及学习活动过程和结果。这些作品可以包括学生对自己作品的描述，自己在成长过程中的进步，已经实现的目标等；也可以包括记录学生在学习过程中遇到的问题和反思，以及判断作品质量的标准，入选作品的标准等。档案袋内作品要求精选，按一定的体系进行归档，同时选择恰当的方法对档案袋做评分或评价。另外，学生应及时展示与交流档案袋内的作品，以显示自己的学习成果，并与教师、同学、家长以及公众互动评价，从中得到反馈信息并据此调整自己的学习。

（3）表现性评价法。表现性评价法是一种让学生通过实际任务来表现知识和技能成就的质性评价方法。学生学习活动中的某些行为表现无法用客观试题测量，如对学生动手操作能力、实践能力、创新精神以及情感态度与价值观等方面的发展情况的评价，而表现性评价法则提供了一种评价学生该行为多种表现的手段。它主要对学生的行为表现进行观察、分析和评价。它既可以评价行为表现的过程，又可以评价行为表现的结果。表现性评价无论是评学生的学还是评教师的教都是费时的，因此表现性评价的重点一般应该放在客观性试题不能很好测量的复杂的学业成就上。表现性评价的有效性取决于：①选择有教育意义的表现性任务；②表现性任务应与评价的意图相一致；③把评价限定于可观察的行为；④研制量表用于记录、明确量表上指标和等级的含义；⑤选择最恰当的评价程序；⑥在开始另一任务之前，给所有学生在这一任务上的行为表现进行等级评定；⑦在可能的情况下进行匿名评定；⑧当评价结果对学生有较大影响时，要综合考虑几个评价者的结论。

表现性评价一般有口头报告和讨论、科学实验、模拟表现、创作作品、项目研究等。口头报告和讨论是让学生在全班或小组内对某个问题进行陈述，大家参与讨论；科学实验就是让学生通过实验去探究事物，去解决问题；模拟表现是让学生在局部或全部模拟的情境中完成任务；创作作品是让学生制作并拿出一件具体的成果作品，如小论文、小制作等；项目研究是让学生以个人或小组方式综合运用提出问题、设计调查方案、搜集资料、分析资料、合作讨论、写调查报告等多种技能，研究一个比较复杂的综合性问题。

（4）真实性评价法。真实性评价是根据学生在解决真实性任务过程中的表现和结果，对学生的综合知识、综合能力及态度等加以评价的方法。所谓真实性任务是指来源于现实生活中的，需要用综合知识和综合能力来解决的、具有一定挑战性的问题。它具有三个基本特点：一是与真实生活情景相联系；二是它具有挑战性，也就是说它是具有一定难度的和复杂性的问题；三是任务的完成需要综合的知识和能力。

真实性评价实施的过程包括：①明确评价的目的，选择真实性的任务。②对完成真实性任务的知识与能力要求做一个结构性的分析，并把它作为研制量表的基础。③制定真实性评价量表。④观察学生在真实性任务过程中的表现，并在量表上进行记录。⑤分析和处理量表上的数据。⑥对学生完成真实性任务的知识、能力、态度等做出评价。评价要多用激励性的评语和肯定学生表现的成绩评定，以发挥评价促进学生发展的作用。⑦让学生对完成真实性任务的体验和感受进行交流，在交流过程中，让他们反思自己学习的收获和存在的问题。

对创造性解决问题的过程和成果以及蕴含其中的高级思维能力的评价、真实性评价具有独特的作用。在真实性任务的完成过程中，学生创造性表现或建构知识，无不与自己综合知识和能力及发展思维和创新思维相联系。对它们的评价，量化评价显然是无能为力的，而真实性评价恰好弥补了这些不足。

（5）情景测验法。情景测验是通过模拟一个问题情景，要求学生在情景中解决相应问题，通过对学生解决问题过程中的行为及结果进行观察，对学生的相应知识、能力、态度等做出评价。众所周知，在实际教学中，有些学生笔试成绩很高，但相应的实践性知识、能力、态度却不佳；有些学生实践性知识、能力、态度表现很好，但笔试成绩不佳。利用情景测验可以与笔试相结合，更全面地评价学生的情况。

情景测验也可以根据实际情况，利用多种多样的方式来创造。例如可以创设"科学家角色模拟"的情景，让学生模拟科学探究活动或完成任务。情景测验与真实性任务评价的目的是相似的，两者实施方式也有些类同。

三、物理教学评价的原则

物理教学评价原则是指开展评价活动必须遵循的基本要求和基本准则。

（一）目的性原则

这一原则是指开展教学评价必须明确评价的目的、明确评价的方向，这是使教学评价能充分发挥其导向功能的根本保证。教学评价是一种目的性极强的活动，在评价活动中，对教学对象进行价值判断的主要依据就是教育目的；而开展评价活动的根本目的是提高教学质量，使教学活动达到预定目标。所以，强调评价目的的正确性和明确性，因为它不仅是决定评价内容和标准的重要依据，还是决定评价效果和教学活动方向的重要因素。因此，贯彻目的性原则，就要做到开展评价活动首先要明确评价目的，评价目的又必须服从教学目标。

（二）公正性原则

物理教学评价作为一种价值判断，其评价结果具有一定的主观性。这并不意味着教学评价是不顾事实，随意掺杂个人感情因素的主观判断，而应该是建立在教学事实分析基础上的优劣、好坏的判断。对此，教学评价者应该在评价中采取客观公正、实事求是的态度，同一次评价或同类评价必须采取一致的标准。只有评价标准是一致的、公正的，才能区分评价对象的好坏和优劣，使被评者知道自己在评价群体中的位置，从而扬长补短、积极向上。

（三）全面性原则

这一原则是指评价内容应该尽量全面，防止评价结论的简单化和片面性。具体来讲包括两个方面：一要将评价内容分成若干部分或指标，逐项进行评价，以构成一个完整的评价指标体系。如课堂教学质量的评价，就需要从教学目标、教学内容、教学策略、教学媒体、教学方法、教学效果等方面综合考虑。二要多渠道收集和综合各方面的意见和建议来进行评价。如教师教学能力的评价，既有自评也有他评，既有同行评价也有学生、家长的评价，只有这样才能比较全面、恰当地评价教师的教学能力和水平。

（四）指导性原则

这一原则是指评价应与指导紧密结合，以保证评价目的的最终实现。评价的目的是改进工作，为此，必须将评价结果及时反馈给评价对象，并对其进行有效指导，帮助他们不断改变自己的行为，这样才能达到改进提高的目的。原则上，有什么问题的评价，就应有什么问题的指导，否则评价工作就失去了它存在的意义和价值。要把指导作为实现教学目的的关键环节对待，使评价与指导紧密结合，形成一个评价、指导、改进三者循环往复和不断发展的回路，这样才能使教学活动不断接近教学目标，最终实现教学目标。

（五）可行性原则

任何评价方案除了要注意科学性、有效性之外，更要考虑它的可行性。如果评价体系过于庞大、评价指标过于精细、评价标准过于烦琐，这样的评价方案在实践中就会被抛弃。因此，有时我们宁愿牺牲评价的严密性，也要保证它的可行性。但这并不意味着我们可以不要任何框架，把严肃、科学的教学评价变为粗糙的、随心所欲的空谈。问题在于要找到科学性、有效性与可行性的最佳结合点，使教学评价既有质量又容易操作，能被广大教师、学生和其他人员所接受。

（六）一致性原则

一致性原则是指在进行一次评价或同类评价中，要用一致的标准。评价时遵循一致性原则，才能区分评价对象的好坏和优劣，使被评者知道自己在评价群体中的位置，从而发扬长处、弥补不足、激励自己、积极向上。

四、物理教学评价的质量指标

一个良好的教学评价需要符合许多条件，它们主要由评价的效度、评价的信度和评价的可操作性来衡量。

（一）评价的效度

评价的效度是指根据某一目的对评价的结果进行解释的有效程度。效度总是针对特定目的而言的，例如，评价目的是衡量学生的"知识与技能""过程与方法""情感态度与价值观"的水平，我们通过一定的测量手段，把收集到的信息解释为学生"知识与技能""过程与方法""情感态度与价值观"的水平的有效程度高不高，这就是效度高不高的问题。对同一测量的信息根据不同的目的做解释，它们的效度是不同的。

效度是一个整体的概念，但为研究方便，将效度分为内容效度、效标效度和结构效度等。对特定作用的测验而言，某一种效度的运用是主要的。例如教师编制的学业测验，内容效度是检验效度的主要证据；而利用某次测验来预测学生将来的学业，效标效度是检查效度的主要证据；当测验的结果用来描述某种能力、智力或心理的结构，则结构效度是检查效度的主要证据。

（二）评价的信度

评价的信度是衡量评价结果一致性和稳定性的质量指标。例如，对某一组学生，在不同时间、不同评价者就某一评价内容进行多次测评所得结果的一致性程度越高、越稳定，那么评价的信度就越高。一般说来，同一套测评试题对同一组考生只能使用一次，因此，为了研究一项测评的信度，就需要再编制多套测评试题，它们应与需要研究的测评中所使用的试题在考查方向、内容、类型、难易程度等方面是完全等价的，这样，我们将需要研究的某项测评结果与使用等价试题再测评所得到的另一组结果相比较，它们相关联、相一致的程度就代表这项测评的信度。从这个角度讲，我们可以这样理解信度，一项测评的信度，就是这项测评的一组结果和对同一组考生实施等价测评所得的另一组结果相比较的一致性程度。评价的信度是评价的效度的前提条件，也就是说，一个评价的效度要高就必须具备信度高的条件。反之，一个评价的信度要高并不能保证它的效度也高。评价的信度越高即表示该评价的结果越一致、稳定与可靠。系统误差对信度没什么影响，因为系统误差总是以相同的方式影响测量值，因此不会造成不一致性。反之，随机误差可能导致不一致性，从而降低信度。

（三）评价的可操作性

教学评价工作涉及面很广，特别是正式的评价，要建立完整的指标体系，但这些指标体系往往非常烦琐，难以操作。对某些教学量的测量，如科学探究能力、情感态度与价值观，难以用量化方法直接测量。因此，一个良好的物理教学评价既要保证评价指标体系的完整性，又要使指标要素尽可能简化和易于操作。对于一些能反映评价对象实质而又难以用量化标准直接测量的指标，可采用质性评价办法，做出综合的判断。鉴于教学评价对象和评价内容的特点，对相当一部分指标的评价，采用质性方法比采用量化方法能够得到更全面、准确、客观的评价结果，也更易于操作。

（四）评价的区分度

评价的区分度是衡量测评题目鉴别力的质量指标。它指一道测评试题能有多大程度把不同水平的人区分开来。区分度越高，越能把不同水平的受测者区分开来。那么什么样的题目才能最大限度地区分不同水平的人群？研究表明，这与试题的难度有关，当题目的难度为中等时，区分度最高。因为，题目的难度过高，很少人能答对，大部分得分都很低；难度过低，很少人会答错，分数大多分布在高分端，因而过难或过易的题目都不能很好地区分不同水平的被评者。

五、物理教学评价的功能

物理教学评价是帮助人们获得信息，并在分析数据的基础上进行有效决策的工具。物理教学评价的功能是多方面的，概括起来主要表现在以下几点。

（一）反馈功能

教育的基本环节是教与学目的、教材、方法和效果。以检查成效为主要目标的教学评价，在上述教学环节中起着最后把关的作用，而且教学评价还会对各个环节进行信息反馈，使教学评价在各个环节上具有调控的功能，因而使得教学工作始终处于优化状态。

（二）评定功能

在学校教育中，评价不仅能检查和评定学生的学习成绩，还可以对教学方法的优劣、教学效果的好坏、课程、教材质量的高低给予评价。

（三）诊断功能

对学习上有困难的学生实施诊断性测量评价，可以及时了解这些学生在学习上的困难及原因，以便采取有针对性的补救措施以及提供特殊的帮助和指导。

（四）鉴别功能

物理课程依据科学素养的四个维度——科学探究（过程、方法与能力），科学知识与技能，科学态度、情感与价值观，科学、技术与社会的关系，对学生进行全面的评价，从而不仅了解学生在发展中的需求，还能对其各方面的潜能做出全面的评价。另外，由于评价主体的多元化，教师也是物理教学评价的对象。教师是否有效地改进教学，以保证物理课程的有效实施，也是评价的内容。这就是说，鉴别既包括对学生学业成就、学习潜能等多方面做出鉴定，为因材施教和人才选拔提供依据，也包括对教师的教学态度、教学水平做出鉴定，为人事决策提供依据。

（五）导向功能

教学评价主要通过制定评价指标、考试目标，编制测试工具的内容，对测量结果的解释和使用，影响办学的方向、办学的思想等。

（六）激励功能

由于物理教学评价的要求是适合学生的发展水平，多采用创造具体生动的情境和鼓励表扬等积极的评价方式，它十分有利于培养学生学习物理的自信心和兴趣；而对教师教学的评价不再是传统单一的以考试及格率来衡量，而是看他是否能创设让学生主动参与、积极探究、动手动脑的学习情境，是否能通过教学促进学生在已有水平上的发展。这样，评价在学生和教师中都会产生压力和动力，每个人都会在这种评价主体多元、评价内容全面、评价方式多样的情况下，感觉到"别人能够进步，我通过努力同样也能进步"，从而调动学生学和教师教的积极性。

（七）教育研究功能

教学评价是教育研究的基本工具。对于各级各类学校的学制、课程的设置、各种不同的教学方法效果如何、教育改革中任何一种新理论或方法的价值优劣、完整的教育管理系统的建立都必须借助于测量评价方法进行深入研究。

第三节　大学物理教学评价范畴

物理教学评价的范畴是很广的，它可以包括整个物理教学系统，也可以是物理教学局部的教学系统；可以涉及物理课程目标、教学过程、教学方法、教学手段的科学性的评估，也可以涉及对这些要素的有效性的评估。物理教学评价不仅要对教师授课质量进行评估，还要对学生的学习水平进行评估；不仅要评价学生的"知识与技能"，还要关注他们"过程与方法""情感态度与价值观"方面的发展。就物理教师教学的主要工作来看，学生学习物理学业成就和物理教师的课堂教学是物理教学评价最为关注的两个方面。

一、物理学业成就评价

学生学业成就的评价是指根据一定的标准，对学生的物理学习过程和结果进行价值判断的活动，即测定或诊断学生是否达到物理教学目标及其达到目标的程度。因此，它是物理教学评价的主要内容，也是评价教学是否有效的重要指标。

（一）物理学业成就评价的基本理念和目标

1. 评价的基本理念

（1）学生的学习评价旨在促进学生的发展。物理学习评价既要关注学生对物理知识的理解能力、推理能力、技能掌握的水平和程度，又要关注其对过程和方法的理解，更要重视对学生科学情感、态度、价值观形成的评价，而不能把评价的注意力放在对评价的鉴别与选拔的功能上。

（2）既要评价成绩又要评价学生参与学习的机会。评价学生的学业成就不是检查学生记住了多少知识，而是要了解学生对知识的理解、推理和应用，因此对学生学业成就评价的重点要集中在对学生来说最重要的科学内容和具有良好结构的知识上。同时要对学生参与学习机会进行评价，要重视对学生在活动、实验、制作、讨论等方面表现的评价。

（3）倡导多主体参与评价。要求改变过去仅由教师评价学生的单一方式，要重视学生的自我评价和学生间的互评，使评价成为学生、同伴、教师等多主体共同作用、参与的活动。同时倡导评价方式的多样化，要对形成性评价和终结性评价、量化评价和质性评价给予同等重视，使发展变化过程成为评价的组成部分。

2. 评价的目标

物理学业成就评价最终目的是提高学生的科学素养和教师的教学水平，为学校实施素质教育提供保障。物理学业成就评价要促进学生在知识与技能、过程与方法、情感态度与价值观方面的发展，发展学生多方面的潜能，了解学生发展中的需求，使每一名学生通过评价都能看到自己在发展中的长处和不足，增强学习物理课程的信心。评价应激励学生在理论学习、物理实验、科学制作、社会调查等方面有比较突出的发展。

（二）物理学业成就评价的内容

评价内容要多元化，要为学生有个性、有特色的发展提供空间。评价应该从知识与技能、过程与方法、情感态度和价值观三方面进行。

1. 知识与技能掌握水平的评价

"知识与技能"的总体要求是"学习终身发展必备的物理基础知识和技能，了解这些知识与技能在生活、生产中的应用，关注科学技术的现状及发展趋势"。"知识与技能"的具体要求是："①学习物理学的基础知识，了解物质结构、相互作用和运动的一些基本概念和规律，了解物理学的基本观点和思想。②认识实验在物理学中的地位和作用，掌握物理实验的一些基本技能，会使用基本的实验仪器，能独立完成一些物理实验。③初步了解物理学的发展历程，关注科学技术的主要成就和发展趋势以及物理学对经济、社会发展的影响。④关注物理学与其他学科之间的联系，知道一些与物理学相关的应用领域，能尝试运用有关的物理知识与技能解释一些自然现象和解决生活中遇到的问题。"

在"知识与技能"领域的学业成就的评价中，纸笔测验是最主要的一种评价方法，利用纸笔测验评价学生的知识与技能领域的学业成就一般包括以下四个环节。

（1）确定评价的目的、内容及目标。在编制测验试卷之前，首先应该明确评价的目的，包括该项测验的对象是哪些被试者？测验是作为诊断性测验、形成性测验还是总结性测验？测验是属于绝对性测验还是相对性测验？等等。评价的目的不同，那么测验试卷编制的题型、试题覆盖范围、试题难度及对测验结果的解释也不相同。在明确评价的目的之后，还要明确测验的内容及目标，即明确测验试卷中知识与技能的取样范围及具体要求。根据物理课程标准，物理"知识与技能"领域的学业成就的测验目标可以分为记忆、理解、应用等几个层次。明确了评价的目的、内容及目标，就明确了为什么测、测什么和怎样测，这是编制高质量测验试卷的前提。

（2）编制测验试卷。在明确了评价的目的、内容和目标之后，为了能够在试卷编制过程中科学、合理地选择测验内容，把握试题难易程度，可以采用双向细目表来计划试卷的结构。双向细目表给出的是编制测验试卷的基本框架，它简要地说明了测验内容的取样范围、测验目标、试题数量及其权重。

（3）实施测试。测试的过程是学生解答试卷的过程。为了确保测试的有效性和公平性，在施测时，要求测验条件、物理环境应该相同，要有统一的答题时间限制、一致的考场纪律。无论对被测者还是施测者，必须有统一的指导语，防止任何启发性和提示性的语言与动作。

（4）评分及解释。在评分上应该尽量做到客观公正，严格遵循统一的评分标准和参考答案，特别对主观题的评分要注意科学、合理、公正，防止评分者因身心疲劳或情绪波动造成评价差错，力求评分公正、公平。

2. 科学探究能力的评价

科学探究能力是科学素养的重要组成部分，要发展和提高学生的科学素养，就离不开对学生科学探究能力的评价。科学探究能力的测评方法可以采用表现性评价方法，其评价过程一般包括以下五个环节。

（1）确定评价目的。对学生科学探究能力进行评价，总的目的是提高学生的科学探究能力和科学素养。它是通过评价来帮助评价者（包括学生）了解学生个体科学探究能力的情况，使学生看到自己在科学探究中的长处与不足，促进自身科学探究潜能的发展。在具体评价中，要对该次评价目的做进一步的明确。也就是说，在该次评价中，要确定是对学生科学探究总体能力进行测量与评价，还是要对学生"提出问题""猜想与假设""制订计划与设计实验""进行实验与搜集证据""分析与论证""评估"和"交流与合作"等科学探究能力中的分项能力进行测量与评价。一般来说，在平时的教学中，要多利用过程性评价与非正式评价对学生科学探究能力中的分项能力进行测量与评价。而在某一教学阶段后，一般采用总结性评价对学生科学探究总体能力进行测量与评价。

（2）设计表现性任务。根据评价的目的设计适当的表现性任务。物理课程中科学探究能力测评的表现性任务可以从以下三个方面取材设计：一是来自物理课程中的探究性学习内容；二是将与物理课程的拓展性学习或研究性学习结合起来；三是与学生生活密切联系的物理问题，如"设计实验，比较肥皂水和清水的表面张力"。

（3）制定评定标准。表现性评价方法测评学生的科学探究能力，需要制定一套能够对学生完成科学探究任务的行为表现进行记录、评价的量表，这个量表应该明确、可操作、具有一定区分度。

（4）客观记录探究活动的表现。学生科学探究能力的表现性评价主要是通过观察和分析学生在具体的科学探究中完成的表现性任务进行的，因此，在向学生布置了科学探究的表现性任务和制定了评价标准之后，就应该全面、细致地观察并客观记录学生在科学探究活动中的行为表现，必要时还需要与被测者进行口头交流和必要的指导。为了能够既方便又及时地记录学生在探究活动中的行为表现，通常以评定等级与行为表现核对的方式（打钩）定性地完成记录，有时也可以对评定等级赋予一定的分值，以便于数据的统计和分析处理。

（5）评价与交流。利用科学探究能力的评价来促进学生科学探究能力和科学素养的提高，就应该通过评价与交流将测评结果及时反馈给学生，让学生知道自己在科学探究能力方面的优点与不足。同时，教师应该倡导与鼓励学生根据评价标准进行自评与互评，在师生、生生的评价与交流中不断提高学生的自我反思能力。

3. 情感态度与价值观的评价

物理教学中学生"情感态度与价值观"领域的学业成就主要表现在：科学探究的兴趣与求知欲的提高；有坚持真理、勇于创新、实事求是的科学态度与科学精神；有将科学服务于人类的社会责任感；了解科学与技术、经济和社会的互动关系，有可持续发展意识。这些"情感态度与价值观"领域的学业成就难以用客观的、量化的指标精确地进行描述、区分和测量，因此对情感态度与价值观的评价，不能像知识与技能一样直接评价，而只能通过一些可以观察的指标来间接地推断和衡量。

（三）物理学业成就综合评价

在一个人的学业成就中，"知识与技能"的掌握、"科学探究能力"的形成、"情感态度与价值观"的养成并不是彼此孤立的，它们都融于同一个心理过程和学习活动之中。因此，在实际教学评价中，需要从三个维度来对学生的学业成就进行综合考查。这就要求在评价的过程中，不仅仅要采用多样化的评价方法，更要注意不同评价方法之间的协调和配合，具体设计评价方案要关注学生科学素养的全面发展。当前对物理学业成就综合评价所采用的评价方法主要有综合性纸笔测试、多样化的质性评价（主要为表现性评价、档案袋评价、连续观察与面谈）等方法。

1. 综合性纸笔测试

用综合性纸笔测试来评价学生在"知识与技能""科学探究能力""情感态度与价值观"等方面的学业成就，是目前最为普遍的一种学业成就综合评价方法之一，为此，需要将考查上述三方面学业成就的试题综合编制在同一测验中。编制试卷要注意以下三点：一是要综合考虑每一个维度的权重。一般来说，"知识与技能"维度权重要占一半以上，"科学探究能力"的权重居第二，"情感态度与价值观"权重最轻。二是试卷内容要尽量联系生活和社会实际，具有一定的开放性、综合性和探究性等。三是要注意研究提高纸笔测验内容的效度和信度。

2. 纸笔测验与表现性评价相结合

用纸笔测验来评价"过程与方法""情感态度与价值观"的学习成果，具有一定局限性。其一，"过程与方法""情感态度与价值观"的学习成果，用测验评价难以准确地评价其水平。其二，对纸笔测验适应性强的学生，得分往往比较高，但实际的"过程与方法""情感态度与价值观"的学习成果水平不一定高。相反，有些学生在"过程与方法""情感态度与价值观"的学习中表现突出，但可能对纸笔测验不适应，得分就不一定高。也就是说，测验存在效度不高的问题。因此，要努力提高纸笔测验的效度，一方面应完善试题与测验的编制，另一方面在实践中要将纸笔测验与表现性评价结合起来，使两者优势互补，准确和公正地评价学生"过程与方法""情感态度与价值观"的学习成果。

二、物理课堂教学评价

（一）课堂教学评价的指导思想

1. 一个中心

课堂教学评价要确立"以学论教"的中心指导思想，要求以学生的"学"评价教师的"教"，使新课程课堂教学真正体现以学生为主体、以学生发展为本，就必须对传统的"师为中心""书为中心""教为中心"的课堂教学评价进行改革，体现"以学论教"的思想。"以学论教"的评价强调以学生在课堂学习中呈现的状态为主要参考，在课堂教学上从学生认知、思维、情感等方面的发展程度来评价教师的教学质量。具体地说，就是从学生在课堂上呈现的四种状态来评价课堂效果：情绪状态、交往状态、思维状态、目标达成状态。

2. 两个发展

①促进学生发展，要体现出促进学生发展这一基本理论。首先，体现在教学目标上，不仅要按照课程标准、教学内容的科学体系进行有效的教学，完成知识、技能等基础性目标，同时也要注意学生发展性目标的形成——以学习能力为重点的学习要素和以情感为重点的社会素质的形成和发展；其次，体现在教学过程中，要突出学生主体、鼓励学生探究，高效地实现教学目标。②促进教师成长，根据新课程评价目的的要求，新课程的课堂教学评价要沿着促进教师成长的方向发展。新课程课堂教学评价，重点不在于鉴别教师的课堂教学结果，而是诊断教师在教学中的问题、制定教师的个人发展目标、满足教师的个人发展需求。这是一种以促进教师发展为重要目的的、双向的教师评价过程，它建立在评价双方互相信任的基础上，和谐的气氛贯穿评价过程的始终。

3. 三个重点

面对新的形势，要求教师在课堂教学中积极采取启发式和讨论式教学，激发学生独立思考和创新的意识。课堂教学评价要对影响教学各因素和有效的教学原则进行全面分析，明确考虑可测量、可接受、可控制的关键评价指标，重点考查三方面：①特别关注学生主动参与学习。学生主动参与是新课程理念下课堂教学的重要特征，新课程倡导启发式和讨论式教学，是为了有效地调动学生的参与，激发学生独立思考和创新的意识，亦即通过学生感受、理解知识产生和发展的过程，让学生达到深层次的理解。因此，课堂教学评价要看学生参与教学过程的时间和广度，要看多边合作与交流情况，要看学生是否能参与高水平的认识活动。在解决问题中学习，还要看学生在参与过程中是否有情感因素的投入，是否被学习内容和学习过程所吸引。②特别关注教学过程中对学生创造性的培养。创造力评价一般采用发散性思维测量、态度与兴趣量表、人格量表等，但这些手段不适合在课堂教学评价中应用。课堂教学评价大多采用观察的方法，要注意看教师有没有在教学中贯彻创造性思维教学的基本原则，学生回答问题、讨论和活动时有无独特性。③特别关注教师的开放性教学设计。学生学习效果和参与程度，不仅取决于学生自身的主体意识和活动能力，还取决于教师的教学观念和教学设计，教师对学生发展水平的了解程度，对教学内容、方法的整体把握，以及能否为学生提供主动参与的时间和空间等。教师要能对教学内容进行深入的思考，提出自己独立的见解，使教学设计具有独创性。

（二）课堂教学评价的分类

1. 按评价目的分

奖惩性评价：把课堂教学评价的结果与对教师的奖励或惩罚结合起来。

发展性评价：评价结果与奖励和惩罚不挂钩，评价是为教师相互交流，发现各自的优缺点，为教师制定提高的目标和对策提供依据。

管理性评价：考核教师，总结经验，实现领导者的管理目标。

研究性评价：为收集资料进行研究而对课堂教学进行评价。

诊断性评价：发现问题，提出改进建议。

2. 按评价主体分

专家评价、领导评价、同行评价、学生评价和教师自评。一次评价活动可以采用其中一种评价，也可以将几种评价组合使用。

3. 按收集信息方法分

现场观察评价：评价者进入课堂，实时实地听教师讲课。

监视监听评价：通过摄像设备等在另一个房间里观察课堂中的情况。

录像滞后评价：现场录像过后分析。

问卷评价。

4. 按评价范围分

一般评价：全方位观察整个教学过程，多用于领导和管理人员普遍掌握教学情况，或用于对某一位教师初次听课了解基本情况。

重点评价：对课堂教学的某一方面或某几个方面重点进行分析评价，多用于以研究、诊断、发展为目的的评价。

（三）物理课堂教学评价的一般程序

课堂教学评价是一个连续的活动过程。不同类型的课堂教学评价的过程不尽相同，但大都可以分为三个阶段和若干步骤，各个步骤之间既相互联系又都有其相对独立的职能。

1. 准备阶段

这一阶段包括选择评价对象和种类，确定评价目标和标准，编制指标体系和选择评价方法等三个具体步骤。准备阶段对于科学、有效的教学评价是必不可少的，准备的质量将直接影响评价的质量。

2. 实施阶段

这一阶段包括实施评价、搜集信息、处理信息资料、做出评价结论等四个具体步骤。实施阶段对做出科学、合理的评价是至关重要的。

3. 检验阶段

这一阶段实际上也就是对评价的再评价。即在评价工作完成以后，为了检查评价过程和结果以及检验根据评价结果做出的教育决策和改进工作的效果，借以及时纠正评价工作的不足或为今后的评价工作提供经验教训，而对评价工作进行的评价。对评价工作进行的再评价是保证评价工作可信和有效的有力措施。

（四）物理课堂评价遵循的原则

物理课堂教学评价是根据物理教育目的，运用科学方法和相应的手段，系统地收集信息并加以科学分析，对课堂教学做出价值判断的过程。即根据物理教育的总目标，判断物理课堂教学的结果达到或接近教育目标的程度。要建立恰当的物理课堂教学评价指标体系，必须遵循以下几项基本原则。

1. 启发性原则

当学生对问题回答不完整、不全面或有不足时，教师不能就此而对整个回答全盘否定。教师要先对学生回答正确的内容予以肯定，然后用追问的方式进行点拨，让学生思考回答，启迪学生的思维，使学生迸发智慧的火花。对一些不着边际、缺乏逻辑性的回答，教师也要用委婉的语言指出不足，使学生乐于接受并会改进，其他同学也会从中受益。

2. 适度性原则

有些教师对学生的评价不太注意，容易走极端。有的教师对学生回答问题的评价过分拔高，使一些学生飘飘然，滋长其骄傲自满的情绪，造成学生学习上的混乱；而对某些学生过分批评，不留情面，极易挫伤学生的自尊心和自信心，使学生丧失学习积极性。所以表扬、批评都要适度。恰如其分地进行表扬与批评，能巩固、发展学生正确的学习动机。对学生的表扬面要宽，不要言过其实；对学生的批评应慎重，保持一个度，重要的是让学生知道哪儿错了，应该怎样做。

3. 情感性原则

情感的感染是一种潜移默化的影响，只有饱含教者充沛的情感，才更能够打动学生的心灵、形成平等和谐的师生关系、创设良好的课堂心理氛围。在课堂里，教师要把学生当作一个平等的伙伴来对待，对于学生回答问题的过程尽可能地发掘他们的优点并进行肯定评价；要尊重学生的理智与情感，防止不当的褒贬与偏爱，使学生建立起自卑、自负或自欺等错误的自我观念。教师对一些在学习上有障碍、个性发展上有缺陷的学生，要给予更多的爱抚和关怀，要善于从他们的处境出发加以理解和帮助。评价中要注意扶持他们的起步点，挖掘他们在学习上的闪光点，创设学习上能获得成功的机会，使之产生积极的情感体验，促进其自主学习、主动发展。

除此以外，在物理课程实施中，课堂评价还应遵循正确性、针对性、全员性、指导性、适时性、幽默性等原则，朝着有利于学生发展的方向迈进。

（五）物理课堂教学评价的主要内容和标准

1. 教学材料、教学内容和学习任务

要产生有意义的教学，教学材料本身必须有意义，能够与人们头脑中已有的概念、命题等建立非人为的联系，也就是说，教学必须考虑学生原有的知识基础，使学生能够在已有认识结构的基础上，利用已有的知识来理解新的知识。建构主义反对过于简单地处理学习内容，希望把学习置于真实的、复杂的情境之中，从而使学习能适应不同的问题情境，在实际生活中能有更广泛的迁移。要使学生产生真正的学习兴趣，学习任务必须具有真实性、挑战性以及综合性。

2. 学习者特征和个人差异

学习者特征包括学习者的认知发展水平、兴趣、态度、智力活动方式等。要明确学生的认知发展具有阶段性的特征；明确学习者的兴趣和态度对学习效果有显著影响；考虑学习者智力活动方式的差异，利用学习者擅长的智力活动方式来教学；考虑学生认知发展水平和知识基础的个别差异，制定分层次的教学目标。

3. 学生在学习过程中的主动参与或投入

真正的学习是高水平的思维活动，学习者必须积极参与教学的全过程，在解决问题的过程中积极发挥自己的学习策略，形成自己的见解。学习者主动参与学习的具体表现是：参与提出学习目标；积极发展各种思考策略和学习策略，在解决问题中学习；积极参与与他人的合作；在学习过程中有情感的投入，使

学习成为一种内在的需求；能自我控制，并参与教学评价过程。

4. 教学方法

要努力创造条件让学生主动参与学习，教学方法必须是互动性的。教师要在教学中发挥指导者、促进者和学习合作者的作用；不仅要关注学生的学习结果，还要关注学生的学习过程；教学方法要与物理学科特点、学生高中阶段认知特点相联系。

5. 教师的素质和能力

教师的素质是指在教学中持久发挥作用的品质，它是能力形成、发展的自然前提。随着社会生产的发展、科学技术的进步，新的社会需求也不断地产生，新的活动领域不断地被开发，对教师素质要求也越来越高。教师的素质和能力包括教师表达的清晰度、思维的流畅性、掌握知识的广度和深度等。教师在人格方面应表现为：一是理解别人，包括心胸豁达，能体验和理解别人的情感或看法，做人保持公正；二是善于与他人相处，包括真诚、亲切、积极、交往、合作；三是自信、了解自己。

6. 教学媒体和技术

在当今社会，教学媒体在教学过程中的作用越来越受到教育者的重视，人们将幻灯、电影、录音、录像、计算机等现代化的科技成果作为手段在教学过程中加以运用，辅助教学活动，形成了以现代教学理论为指导，以现代教育技术为特征的电化教学。在教育走向现代化的今天，广泛而正确地使用现代电教媒体，能够化空虚为充实、化抽象为具体、化远物为近景、化模糊为清晰、化静态为动态，大大提高物理课堂的教学效率和质量。此外，互联网大大地拓宽了教师的视野、扩展了课程和教材的含义。教师要能切实转变观念，积极掌握现代化教育技术，并以此努力转变教学方式。

7. 师生关系

教师要创设平等、自由、相互接纳的学习气氛，在师生、生生之间展开充分的交流、讨论、合作，学习者之间的合作要有利于培养个人对不同观点的尊重，对问题形成多角度的理解。

8. 评价反馈

教师要对任何正确的反应给予积极的强化，如微笑、点头、重复和阐述学生的正确答案，说一些肯定和鼓励的话。教师不应嘲弄学生的错误反应，而应鼓励学生今后多加努力。教师要认真倾听和接受学生的正确想法、意见。

第六章 大学物理智慧学习系统的构建

移动学习技术和在线教育的蓬勃发展，为教与学带来了新的价值与使命。智慧学习作为学习方式的高端形态，对于变革教学模式，实现教育新范式起到了不可忽视的作用，在全球范围内的呼声也越来越高。构建信息技术支持下的智慧学习系统、最大限度地挖掘智慧学习的功能和应用、实现"智慧化"学习，是教育信息化发展的必然趋势。

第一节 大学物理智慧学习系统的教学分析

随着 AR、VR、云计算、大数据等信息技术的不断涌现和高速发展，现代技术正逐步改变我们的思维方式、学习方式。伴随着"智慧地球"设想的提出，"智慧化"理念，诸如智慧城市、智慧医疗、智慧交通，开始走进人们的视野。教育领域也兴起了"智慧教育"的浪潮，智慧教育是当代教育信息化的新发展，已受到国内外学者的极大关注。智慧教育的基石是智慧学习，智慧学习的目标是实现学习者个性化、智慧化发展，因材施教、个性化教与学则是智慧学习的必由之路。智慧学习系统是智慧学习的技术平台，是开展智慧学习的信息化条件。

《大学物理》是高等院校理工科学生必修的重要基础课。由于物理知识大多抽象、难懂，学生基础差异过大，课程学时少、内容多等原因，导致大学物理课程教与学极不和谐，师生中常见"怨声载道"之现象。鉴于此，有必要对大学物理学习方式、教学方式做一些改进。

一、大学物理课程分析

（一）学科性质和教学要求

物理学是研究物质结构、相互作用及其运动变化所服从的基本规律的科学，以实验为基础，含有极丰富的科学思想与科学方法，是整个自然科学的基础。物理学与数学及其他技术学科的关系是非常密切的，学科交叉明显。

其基本理论与方法已经广泛应用到生产和生活中的各个方面，是科技发展的重要推动力。《大学物理》是高等院校理工类专业低年级学生的重要必修基础课，通过对大学物理课程的学习，使学生们能够系统地掌握物理学基本概念、基本规律和基本方法，为后继专业课程和其他课程学习奠定基础；同时，可以培养和提高学生的科学素质、科学思维方法，形成科学的世界观。增强学生分析问题能力、解决问题的能力、科技创新能力，激发其探索精神、创新意识等，为学生日后的学习与进一步发展奠定坚实的科学素养基础。

（二）大学物理课程教学目标分析

对大学物理课程进行教学目标分析，一方面需要参考教学要求的规定，另一方面也要参考教学目标的分类框架。国际上比较公认的教学目标分类框架是布鲁姆等人提出的教育目标分类，包括认知、心因动作技能、情感三个领域；国内教师常用的目标分类框架是：知识与技能、过程与方法、情感态度与价值观三维目标。布鲁姆等人提出的教育目标分类主要是针对高校教学设计的，更适合理科课程教学；国内教师常用的目标分类框架更适用于中小学教师。故布鲁姆教育目标分类学对本研究中教学目标的分析有着十分重要的指导意义。

认知领域目标分类从心理学角度研究知识与能力的关系，目的在于评价学生学习结果、指导教学；情感领域目标分类是"人本主义"思想的体现，研究情感内化的不同程度；动作技能领域涉及骨骼和肌肉的运用、发展与协调。本研究侧重于对认知领域目标的研究，采用修订的布卢姆教育目标分类学框架，包含知识和认知过程维度。知识维度涉及事实性、概念性、程序性以及元认知知识；认知过程维度包含记忆、理解、运用、分析、评价和创造，是由低级到高级的加工过程。

事实性知识也就是事实，是掌握一门学科必备的基本成分，对于物理学科而言则是物理学概念、规律的基础。比如，物理学术语、霍尔效应、光栅等，还有大量的物理符号；当然还包括一些物理细节知识，例如在常温、常压下一些固体的密度。概念性知识指物理中较为抽象的概念、原理、模型、结构等知识，比如量子力学中关于"透射系数"的概念。程序性知识指"过程性"知识，运用技能、方法来完成任务，比如操作实验仪器、利用物理公式计算等。元认知知识，又称为反省认知知识，比如学生对物理章节内容学习的目的和难度的认识。

二、关于大学物理学习风格的研究

1954年美国学者哈伯特·塞伦在研究学习者的个体差异时，首先提出了学习风格的概念。随后关于学习风格的研究，学者们各抒己见，各种观点也应运而生。简单来说，学习风格属于一种比较稳定的心理特征，描述学习者在学习过程中表现出的个性化学习倾向、学习方式、学习策略。学生完成学习活动是在已有的知识、技能、策略调控下进行的，不同学生的调控就有所不同，学生的"学"是特定而多样的；教师的"教"与学生的"学"相一致才能达到更好的教学效果。也就是说，好的教学活动要能适应不同学习者的学习风格。

（一）学习风格要素分析

1. 智慧学习系统中学习风格的定位

智慧学习系统充当"教师"的角色，要了解学生的学习风格并依此提供学习支持。针对学习者在学习过程中的个体差异，智慧学习系统可以提供适合个体差异的学习支持。学习风格是学习者特征中重要的非智力因素，学习者进入智慧学习系统开始学习前，首先应通过学习风格测量，系统依据测量结果，为学习者提供适应性导航学习路径、学习资源、个性化学习策略等；同时，学习风格差异是学习者特征中最显著的个性化差异，研究并构建学习者的学习风格模型，对于促进学习者在智慧学习系统中的个性化学习很有必要。

2. 基于物理课程内容的学习风格要素分析

《大学物理》课程教学大纲对大学物理课程的学习一般包括掌握、理解、了解三个层次的具体要求，分别是：

（1）掌握：属于较高要求，要求学生对基本的物理定律、原理、定理有比较透彻的理解，牢固掌握其物理意义和适用条件，并能运用这些知识分析、计算有关的问题，比如一些基本定律的公式，要求能熟练地运用并会推导。

（2）理解：要求学生明了知识内容，能用这些知识分析和计算相关的简单问题，对于定理要求会运用但不要求会推导。

（3）了解：属于较低要求，只要求知道知识点所涉及问题的现象和有关实验并能对它们做出定性解释，了解相关物理量和公式的意义，一般不要求进行相关计算。

大学物理课程面向全体理工科学生，要求以学生为主体，尊重学生个体差异，注重素质教育；强调要关注每个学生的情感，激发他们学习物理的兴趣，帮助他们建立学习的成就感和自信心，使他们在学习过程中发展综合能力。联系上文中对课程目标的分析，笔者认为物理课程对学习者的学习需要满足相应的能力要求，包括记忆能力、信息加工能力、知识迁移能力、观察能力、提出问题能力、分析概括能力、交流能力。比如一些事实性知识，如物理术语和符号等，需要学生记忆；反映物理知识规律和关系的一些知识，需要学生观察、理解、加工、概括；等等。另外，学习者对学习内容是否感兴趣，是否有目标、动力，能否积极主动参加到学习活动中是开展学习的先决条件。

3.基于在线学习过程的学习风格要素分析

本研究的大背景是在线学习环境，在线学习不同于传统的线下学习方式，但本质上依然是认知学习的信息加工过程。

加涅的信息加工理论揭示了认知学习的一般过程，如图6-1所示。外部信息进入学生大脑中，先要经历感觉记忆、短时记忆（工作记忆）、长时记忆，加涅认为，作用于学习者感受器的刺激，听到的声音、看到的形象，所产生的神经活动模式被感觉简要地"登记"（感觉记忆）；接着信息被转换成其他形式保存在短时记忆里；最后经过意义编码储存在长时记忆里，需要学习者做出行为表现时，信息才会被提取出来送到工作记忆中，与其他信息整合编码，再转化为行动。

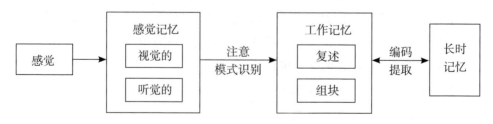

图6-1　信息加工理论中通常描绘的信息流程

理查德·E.迈耶（Richard·E.Mayer）在其书《多媒体学习》中提出有关多媒体学习的信息加工理论。这里的多媒体材料指的是"语词和画面"共同呈现的材料，所谓语词就是发声语词和文本语词，即言语交流用词和视觉语词。学习者学习时，先利用双通道进行信息加工，即对视觉和听觉表现的材料都有相应的加工通道。当然，学习者对不同材料也有选择的过程。然后将文字和图片以一定的形式进行编码、整合存储在记忆中。这是一个能动的认知过程，是有计划的内部心理建构活动。认知加工过程包括形成注意、组织知识整合。

结合以上对学习过程的分析，笔者认为在线环境下物理学习的主要心理过程包含注意、感觉、记忆、思维等要素，当然还包括一些外部环境要素。

4.学习风格模型构建的参考模型

学者们对于学习风格已进行了大量的研究，但是研究的领域和视角不同，因而学习风格测量维度也就不同。笔者结合现有研究，总结概括了当前较典型的学习风格模型。

美国教育心理学家科尔布（Kolb）强调"经验"的重要性，认为学习过程是四个周期：具体经验、反思观察、抽象概括和积极实践。他认为每个学习者必经历这四个环节，但不同的学习者偏爱性不一样。据此，科尔布（Kolb）提出四种学习风格类型：以具体经验和反思观察为主的发散型，以抽象概括和积极实践为主的聚合型，以反思观察和抽象概括为主的同化型，以积极实践和具体经验为主的顺应型。

邓恩（Dunn）夫妇提出的学习风格类型分析框架在中小学教育中有较强的普适性，其从环境、情绪、社会、心理、生理五个维度来分析学习风格要素，其中每个维度下包含多个独立因素。例如心理类要素包含分析与综合、大脑左右半球、沉思与冲动三大具体要素。通过对学习者这些方面的因素分析，研究者试图找到合适的教学策略来帮助教学。

费尔德（Felder）和西尔弗曼（Silverman）提出的Felder-Silverman学习风格模型，从信息加工（活跃型/沉思型）、感知（感悟型/直觉型）、输入（视觉型/言语型）及内容理解（序列型/综合型）四个维度，两两组合，共16种学习风格。霍尼（Honey）和芒福德（Munford）根据学习者在学习过程中的偏好和表现，将学习者分为行动者、反思者、理论者和实用主义者。行动者喜欢尝试处理问题，先行动后思考；反思者喜欢审视自己的经历；理论者逻辑思维能力比较强，喜欢有逻辑地思考问题；"实用主义"强调有用的就是好的，以上是较常用的一些学习风格模型，为我们研究学习风格模型提供了依据。相比于其他学习风格模型，Felder-Silverman 模型更为具体，包含 16 种学习风格，而且比较适用于个性化的学习系统。

笔者认为在确定学习风格维度和要素时，需要关注学习的多个方面，如资源类型、认知风格、信息加工方式、学习环境等。基于单一理论的线性模型虽便于设计量表、便于统计分析数据和解释测量结果，但不能全面描述并准确判断学习风格。为了全面而准确反映学生大学物理智慧学习系统的学习风格，本文将结合 Felder-Silverman 学习风格模型和具体学科特点进行学习风格的研究，通过构建系统、科学的学习风格测量量表，来分析学习者学习过程中所涉及的个性化差异。

（二）学习风格要素的确定

在借鉴 Felder-Silverman 学习风格模型的基础上，通过以上对学习风格要素的合并及筛选，笔者将学习风格要素精简为信息输入、加工、理解、学习动机、知识准备、操作技能、记忆编码、学习交流、知识迁移、观察、注意力等11 个维度。

从学习动机维度看，学习者如果对学习目标缺乏应有的学习动机，就不愿意主动承担起学习的责任，即消极、被动、依赖。相反，当学习者具有强烈学习动机时，就会降低对他人的依赖程度，自觉确定学习目标、学习计划。通过ARCS 模型，即注意、相关、自信和满意，可以给智慧学习系统的构建带来启示。从学习资料、辅助性支持、学习工具、学习管理四个方面来考虑如何提高学习者的学习动机。比如，利用字体类型、大小、颜色的变化，必要的时候利用图片、动画和视频来吸引学习者的注意；让学习者了解学习的近期和远期意义，感到所学内容对于现在或将来会很有作用，或者有利于实现自己的某种理想，可以在每章开始的页面中列举本章知识的应用实例；允许学习者自由发表言论，并能了解自己的观点被认可的程度；关注学习者的每一次进步，及时给予表扬和鼓励。

从信息的输入维度看，视觉型的学习者喜欢学习内容以视觉信息来表示，如图片、图表、动画、视频等，而言语型的学习者喜欢学习内容以文字、语音的形式表示，因此学习内容的呈现方式应该考虑到学习者在输入信息维度的学习偏好上来呈现不同的资源。言语型的学生擅长从课本和物理教师的语言表达中捕获物理概念的定义及相关信息；视觉型的学生容易记住他们观察到的物理现象，如物理实验、图表图像、影片中的内容。

从信息加工维度看，活跃型的学生喜欢说"老师，让我试一下"；而沉思型的学生喜欢说"老师，让我想一下"。活跃型的学生积极地参与讨论或给别人讲解物理过程的思路等，热衷于讨论区的活动，在设计智慧学习系统时要考虑互动性强，实现动态交互，以此来提升学生的交流与合作精神。沉思型的学生更喜欢通过独立地思考来掌握信息，交流工具一般以搜索工具、知识管理工具为主，比如印象笔记、博客等总结性工具，在学习过程中通过笔记的方式记录、总结，在设计系统时要考虑反思性工具的体现。

从内容理解的维度方面看，全局型的学习风格和序列型的学习风格影响着学习内容的导航方式，序列型的学习者喜欢按逻辑顺序小步子地展开学习，以线性方式组织学习内容，按部就班地学习每个概念和原理，不愿意跳过其中有逻辑关系的任何一个知识点。而全局型的学习者喜欢把握学习内容的整体结构，发散性思维较强。从整体上把握知识结构之后，再了解各知识点间的关系，然后跳跃性、有选择地进入适合自己目前阶段或者自身比较感兴趣的概念中进行深入学习。因此，对于序列型的学习者，应着重对资源的章、节、单元分类及各知识点的关系、排序等进行详细分析，学习内容应该按主题进行组块，并按主题之间的逻辑顺序进行排序，然后呈现给学习者。对于全局型的学习者，学习资源最主要的是"整体"设计，在学习者进入学习之前为学习者展现出需要学习的所有内容，利用概念图或思维导图的方式，让学习者能够了解整体内容并进入自由学习页面。

三、智慧学习系统的教学设计

（一）学习者特征分析

学习者特征分析是教学设计中一个重要步骤，教学设计的一切活动都是为了学习者的学，通过分析学习者，可以更加清晰地确定教学目标、学习内容、教学方法、教学媒体。苏联的教育家苏霍姆林斯基曾说："没有也不可能有抽象的学生"。意思就是，学生都是活生生的、具体的人，我们在教学中，要考虑学生的特征，因材施教。结合大学物理的学习内容，笔者将从以下三个方面分析学习者特征：

1.一般特征

指对学习者学习有关学科内容产生影响的心理和社会的特点，和具体学科无直接联系，但却影响着教学设计的各个环节。比如学生的年龄、性别、智力、学习动机、生活经验等。对于大学物理学习者来说，年龄在20岁左右，处于皮亚杰认知发展理论的形式运算阶段，具有较高的思维抽象性和逻辑性，能进行假设和演绎推理。我们重点分析他们的学习动机。根据凯勒ARCS动机模型，影响学习动机的四个因素为：注意力（Attention）、相关性（Relevance）、信心（Confidence）和满意度（Satisfaction），简称ARCS。

（1）关于注意力。唤醒并维持学生注意力是激发学生学习动机的首要因素。因此，在设计、开发大学物理智慧学习系统时要考虑学习者的"注意力"问题。激发学生的兴趣需要教师熟悉教材，能挖掘出学生感兴趣的地方；研究发现，在学习过程中，学习者存在一条"注意力法则"，即学习者在40分钟的课堂上一直保持全神贯注不太容易，高度集中精力学习的时间一般只有10分钟，时间一长，注意力就会下降，学习效率就会降低。拆分物理学知识成为一个个小知识单元，在一定程度上可以维持学生的注意力，而不像传统课堂的"大满贯"。

（2）关于相关性。学生的注意力被吸引后，他们可能会问为什么要学习这些内容、这些内容和他们有什么样的关系，这些问题涉及的就是相关性。智慧学习系统充当着"智能导师"的角色，要了解学生的需要并和生活相贴近。对于大学物理的学习者来说，可能的相关性就是职业发展、某种用途、个人兴趣和考试。关于职业发展和某种用途，就需要教学资源和生活实践相契合：个人兴趣和考试，涉及学习者先前的知识。

有意义学习是奥苏贝尔的重要观点之一，强调新知识与学习者认知结构中已有的知识、观念能够建立起非人为的实质性联系，使学习能够尽可能地有价值、有意义。进行有意义学习需要三个前提条件：具备逻辑意义的学习材料；具有有意义学习心向的学习者；学习者具备原有的适当观念来同化新知识。在进行教学设计时，考虑上述三个条件，才有可能进行有意义的学习。

（3）关于信心。信心对于激励学习的作用不言而喻。在学习中，系统应告知或引导学生明确学习目标和评价依据，让学生心中有数；设置多元的评价标准，让学生获得一定的鼓励，增强其对学习成效的自信和期望。

（4）关于满意度。教育心理学认为，学习高动机的获得，依赖于学习者能否从学习经历中得到满足。如果学生在学习过程中获得了满足，就会更加愿意学习，并且对以后的学习产生期待。在学习系统的设计中，要考虑学生的特点，提供交流平台，及时地查漏补缺，提供正向的鼓励和反馈，让学生学有所得、获得满足。

2. 初始能力

初始能力一般指学生在开始学习某一特定的学科内容之前，已具备相关知识与技能的基础，包括对学习内容持有的认识和态度。初始能力分析包括：①预备技能的分析，学习者是否具备开始新知识学习必备的知识与技能，这是开始学习新知识的基础；②目标技能分析，了解学生在开始学习之前，是否已经掌握或者部分掌握目标知识；③学习态度分析，了解学生对知识内容是否有兴趣、是否存在着畏难情绪或偏见等。

确定学习者的知识基础一般采用"分类测定法"或"二叉树探索法"。在实际教学中，教师通常会编制一套测试题，预先设定教学起点，来判断学习者的知识能力。

3. 学习风格与大学物理学习

在物理教学中研究学生学习风格具有重要的意义。原因一，可以利用学习风格来提高学习的效果。物理学习材料通常有三种，即文字、语音、视频。学生是学习的主体，他的学习偏好将通过学习风格来对物理学习过程产生影响。根据学生的特点来适应不同的学习资源，提高学生的主体地位。原因二，元认知理论，即关于知识的认知，学习者要了解自己的学习风格，如果能反省自己在学习过程的学习策略，思考"自己的思考"时，就会变得较为自主，激发学生追求进步。

（二）学习模式设计

学习模式是指在相应的理论基础上，为达成一定的目标而构建的较稳定的学习活动结构。关于智慧学习模式，学者们已做了相关研究，郭晓珊等人基于智慧学习环境的分类和智慧学习的内涵、特征，设计出独立自主式学习模式、群组协作式学习模式、人境学习模式等，来满足自主学习、协作学习、实践学习等不同的学习需求。卞金金通过分解智慧课堂学习过程中各要素，针对学习活动的特征，结合学习评价的需要，从课前、课中、课后三个环节，设计出基于智慧课堂的新型学习模式。本研究从物理学科内容，以及从"学习者为中心"出发，设计基于微知识点的自组织学习模式，以期满足学习者个性化、智慧化的发展需求。

　　学习者在开展学习活动前，首先确认是否进入学习风格测试。选择学习风格测试即进入导引模式，系统收集测试数据，智能化推送合适的资源，学习者自主决定是否听从系统意见或自组织学习方案。智慧学习系统以每一章为单位，把物理知识点分解组合为一个个"节知识点"，"节知识点"下包含"目知识点"，"目知识点"构成知识树上的微节点，对每个微节点制作集文字、图片、动画、视频、漫画为一体的资源，学生可以利用移动终端，随时随地自主学习。同时对每个学生学习过程进行智能化的跟踪记录、测试诊断、分析评价、反馈矫正，记录其学习成长轨迹，找到每个学生的知识、思维、习惯等方面的特点及解决方法所在，便于学生随时了解学情，对症下药，选择正确的学习道路。

　　学习者可以根据自己的需求从系统里挑选学习资源，也可以选择系统智能分析之后推送的资源。如果推送的资源令人不满意，也可以重新进行自主选择。

　　当然，教学资源需要有经验的教师基于知识点精心组织。

　　学习路径的确定依赖于知识点之间的结构化关系，以及学习者的知识掌握情况。为学习者提供学习路线，自组织学习模式要了解到有哪些学习路径，哪种学习路径可以快速达到学习目标，可以避免不必要的环节，以提高学习效率。学习是一个内化的过程，具有不可测量性，一般只能对学习结果进行测量，特别是在线学习，不能直接观察学习者的学习情况。研究人员采用多种评价方式，试图通过数据，比如学习时长、已学内容来表征学习者的学习结果。在学习新知识前，首先对学习者进行诊断性评价，设计前测题目，判断学习者的知识基础和准备情况；其次在学习过程中，每一个知识点均设计相关循环测试题，答对方可进入下一知识点的学习，同时了解学习者知识掌握情况，即形成性评价；最后每一章内容学习完毕，后测题目考核学习者学习情况，并且综合学习过程整体表现，将结果反馈给学习者，即总结性评价。

第二节　大学物理智慧学习系统的设计

一、整体设计

（一）系统需求分析

1. 系统目标

在深入学习并深刻分析智慧学习系统的相关理论知识和技术的基础上，尝试设计开发一套智慧学习视角下的学习系统，对智慧学习系统的构建进行探索性的实践研究，并选择以大学物理课程为学科基础进行实践验证。具体而言，本书的研究目标包括理论角度和实践角度两个方面。

理论上，通过研读文献，梳理智慧学习相关研究，从"教"与"学"的角度对大学物理课程学科性质、课程内容、教学目标进行总结分析，探究影响大学物理学习风格的制约因素，构建学科知识模型、学习者特征模型，为后续实现大学物理智慧学习系统做好理论铺垫。

实践上，完成学科知识库的构建，建立一个拥有基本网络课程功能的移动学习平台，同时在学习过程中，能够分析学生学习物理课程倾向的学习风格，寻求学习者的学习偏好，提供自适应的学习资源，跟踪记录学习者的学习情况，包括学习时间、知识掌握情况。真正满足大学物理智慧化教学的理念，避免学生因自我知识缺乏而认识不够，在选择学习资源时产生信息"迷航"现象，影响学生的自我学习效率。

2. 功能需求

本系统有三种用户角色：学习者、管理员、教师。其中，学习者的主要功能为：学习风格问卷调查、学习资源的获取和学习、查看学习情况以及讨论交流；教师主要功能为：查看学习者的学习风格、管理学习资源以及学习者评价等；管理员管理功能：更新学生信息、权限、数据。

（二）系统特征分析

"以学习者为中心"的学习模式是智慧学习的主导模式。这就涉及"怎么学"

的问题。

智慧学习系统能实现以下功能：判断学生的学习风格和知识水平；根据学生自身的学习情况、学习路径，提供相应的学习资源，包括音视频、文档、动画、漫画、个性化的习题；追踪学生的学习情况，最大限度地提高学生的知识水平。具有上述功能的学习系统应具有以下特征：

（1）根据学习风格量表判断学生的学习风格；

（2）向学习者提供合适的学习资源；

（3）追踪记录学生的学习情况。

（三）总体结构设计

根据之前的需求分析，将学习系统的总体结构分为五大模块：学习者特征库、学科知识库、学习资源库、学习行为日记库、诊断库。总体结构如图6-2所示。

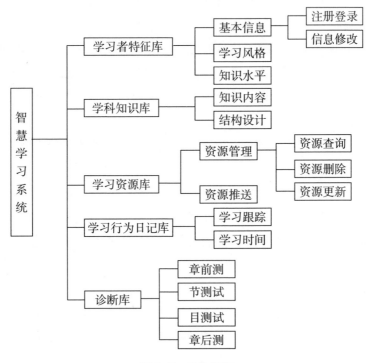

图6-2　总体结构

1.学习者特征库

学习者特征库是整个学习系统的基础和前提，详细地描述了学习者的特征信息，包括基本信息、学习风格、知识水平情况。

（1）基本信息。该模块主要是对学习者进行管理，学习者进入学习系统，首先需要进行登录，发送学号和密码到服务器端，服务器端和客户端进行学号和密码的校验。验证的步骤如下：首先客户端向服务器端发送登录请求，服务器端与客户端之间建立会话，客户端收到会话信息后，向服务器端发送学生账号信息，服务器端进而可以验证学号名和密码信息，后台数据库会查询信息来验证学生账号的正确性与否。账号正确，就会返回登录成功信息给学生端，客户端和服务器端连接成功；如果账号不正确，则登录不成功。

学生注册：学习者在注册页面，填写必要的注册信息，提交即可。

学生登录：学习者用户进入登录页面后，输入账号信息后即可成功进入该系统。然后自主决定是否填写学习风格测试题。之后进入课程主页，开始学习。

找回密码：学习者登录后，若忘记密码，在找回密码页面，输入相关信息后，就能得到密码。修改密码：学习者登录后，在修改密码页面，输入原密码，再输入新密码，即可修改密码。

（2）学习风格。学习风格已在前文详细介绍，此处不再赘述，学习风格主要描述学生学习新知识时习惯使用的学习策略与学习倾向，在"以人为本"的教育理念下，关注学生学习风格，用一套科学严谨的理论去指导和帮助学生，使得师生的教与学能得到良好的配合，能将教学真正做到以生为本。

（3）知识水平。描述学习者对知识点的掌握情况。

2. 学科知识库

系统的完成依赖一定的领域知识，需要对课程内容进行整理设计，包括对知识内容的分析、知识结构的梳理，建立相关的领域模型。

3. 学习资源库

（1）资源管理。学习者在客户端所访问的课程信息、在线视频信息及相关资料，都属于存储在数据库中的学习资源数据。在个性化的学习环境下，知识点的表现形式可以是多种多样的，能够适应不同的教学策略和学习者。学习资源由若干个知识单元组成，每一个知识点包含文本、视音频、动画等资源。资源模块主要是实现对资源的管理，包括对资源的添加、查询、修改和删除，以及根据学习者学习风格向学习者推荐学习资源。

（2）资源推荐。学习资源的推送即学习内容的动态组织。在本研究中，学习内容的组织依据对学生学习风格的测试分析结果。系统根据学生学习风格分析结果呈现不同的学习资源。

4. 诊断库

在本学习系统中，教学诊断采用测试的方法，并以问题库为基础，包括章前测试、节测试、目测试、章后测试。教学诊断是实施智慧学习的基础，伴随着整个学习过程，所以会经常对学习者进行测试。每一个目节点都会有相应测试，每一个章节结束也有测试。每一个知识点至少有两道题目，用于该小知识点学习后测试。章节测试为一套题，至少 20 道题目。学习反馈包括自我评价和系统评价两部分。学习者可以根据自己的学习表现，在讨论区交流学习进展，还可以根据系统提供的测试结果等方式进行自我反思。

5. 学习行为日记库

统计学生的姓名、学号，访问资源的类型、资源的名称、学习时间分配等学习活动，分析学生学习情况，进而为学生提供在线学习反馈，使学生了解自己的学习情况，对自己的学习策略进行适当的调整。当然，这些统计也可以方便后台对学习资源进行适当的调整和补充。

（四）系统学习流程设计

系统的核心就是学习模块设计，也可以叫作智慧化学习支持，主要给学生用户提供学习支持。首先在收集和分析学习者的注册信息和学习风格信息的基础上，根据学习者测评结果，给学生分配相应的学习资源，提供个性化的学习支持，并记录学习的过程和内容，在系统中扮演着智能导师的角色。在学习者完成学习的过程中，学习系统会根据学习者遇到的未知的知识以及其他困难，结合学习者的学习风格，有针对性地选择相关的资源，对学习者提供帮助。

在学习流程环节，提供两条学习路线：学习者可以根据自己当前所需，明确学习目标、制订学习计划，从资源超市中手动精心地挑选学习资源；也可以依赖系统，针对学习者提交的学习风格测试题进行智能分析，帮助学习者快速、准确地获取所需资源。

二、学科领域知识库建模

目前关于智慧学习的研究无不提倡灵活开展学习活动、按需获取学习资源，这也体现了庞大资源库、知识库的必要性。智慧学习系统依赖网络技术，整合各类学习资源，针对不同的学生，动态了解学生状况，以达到最佳学习效果。

实现系统功能的一个重要前提是知识库的构建。知识库由领域内知识点及其相互关系构成，被系统其他模块调用。构建一个完备的知识库十分关键，与系统的学习功能能否得到充分实现息息相关。

（一）知识库的内涵

知识库概念是基于数据库和人工智能的高级产物，往往数据库可以处理大量数据，但是在表征知识方面有些欠缺，而人工智能虽不能高效检索，但是可以实现基于规则的知识推理。因而，知识库就是将两者结合起来，以一致的形式存储知识，集知识表达、数据检索于一体。知识库的实现需要收集大量丰富的领域知识，并用相关的信息技术将收集的知识用计算机来表达、存储和管理，使知识符号化，成为计算机能够识别的符号，因此知识库中的知识是高度结构化的符号数据。

建立知识库的前提是具有学科知识内容的专家级水平，明了知识点之间的结构关系。

（二）本体理论与知识库构建

自 20 世纪 80 年代万维网（World Wide Web）诞生以来，经历了基于 HTML 网页的 Web 1.0 时代，注重用户参与、相互交互为特点的 Web 2.0 时代，到目前追求以实现资源共享为目的的 Web 3.0（语义网）时代。随着技术的发展，Web 的开放程度似乎越来越大，个性化和多元化的需求也更加明显。语义网（Semantic Web）是由万维网联盟的 Tim Berners-Lee 在 1998 年提出的一个概念。它是一种智能网络，目的是在计算机和人能理解的语义之间建立一种联系，实现 Web 信息的自动处理，适应资源的快速增长，能够对网上的各种资源进行"思考"和"推断"，实现数据间的关联和共用，使人与电脑之间的交流变得更"人性化"，最终实现智能化网络的应用目标。在结构上，语义网大体由元数据、资源描述框架和本体等几部分组成，核心是通过给互联网上的文档添加元数据，实现数据间的语义通信。元数据，即描述数据的数据，具有语义共享性；资源描述框架用于描述网络资源，提供一种主（Subject）、谓（Property）、宾（Object）三元组形式的数据存储结构；本体提供概念、概念关系以及概念属性的定义，为语义网的语义推理提供了基础。本体源于哲学里的一个概念分支，"系统地描述世界上的客观存在物，即存在论"。后被引入计算机科学领域，关于本体的新意义，较被认可的是施图德（Studer）等人提出的"本体是共享概念模型明确的形式化规范说明"。

目前在医学、电子类等多个领域已进行了基于本体的语义网构建方法研究和实践，在一定程度上为检索提供了本体语义资源基础，有关教育本体方面的实践也取得了一些成效，例如，北京大学的崔光佐教授设计的基于本体的 E-learning 教育服务网格 Onto Edu 系统，吴文渊等结合书本知识点以及自我理解设计的基于 Ontology 的平面几何知识库。具体到学科领域的本体研究比较少，而且往往选择某一简单本体进行建构，例如，刘春雷《基于本体的教育领域学科知识建模方法研究》中构建了关于"元认知"主题的知识本体。这也表明了在学科本体领域的研究有待继续深入。

借助本体中的概念与概念间的关系，我们可以直观地表示出知识点间的相互联系。将知识点及其关系用图视化的方式表示出来，并以此作为课程结构导航，一方面学习者可对课程知识一目了然，另一方面也有助于学习者构建知识联结，最终达到高效学习的目的。本体在智慧学习系统开发中，不仅是学科知识库中重要的知识组织和建模方法，而且对于整个学科知识、学习资源及其相互间的本质关系等内容的构建也是至关重要的。任何一门学科都可以被划分成不同层次的知识点，以这些知识点为中心组织各种学习资源，并建立知识点之间的关系，构建整个学习流程，可以较好地组织和利用学习资源，将知识点灵活地组合成适应每个学习者需求的模块，满足个性化学习需求。

尽管本体在教育领域的应用研究处于发展阶段，但现有的研究成果已经为我们提供了一些方法、经验和思路。不难想象，随着数据挖掘、机器学习等人工智能技术的不断推进，本体在教育中的应用会更有前景。

第三节　大学物理智慧学习系统的开发

一、系统架构设计

MVC 是一种典型的软件设计模式，包含三个核心模块：模型（Model）、视图（View）和控制器（Controller），它将业务逻辑聚集在一个部件中，逻辑、数据、界面分离组织。图 6-3 显示了这三个模块的各自功能以及它们之间的相互关系。

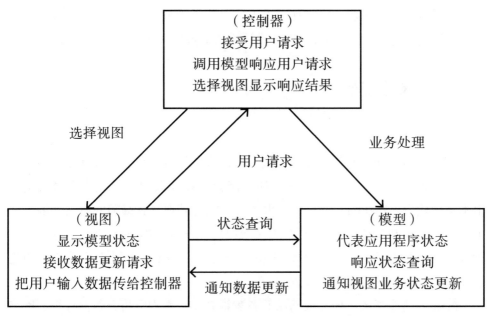

图 6-3 MVC 设计模式

（一）模型（Model）

模型是应用程序主体部分，主要包括标识业务逻辑、业务数据，业务逻辑数据库的定义从属于这个层次。它代表着应用程序的状态，能够进行相应状态查询和处理业务流程，同时能够通知视图业务进行状态更新。多个视图可以同时重用一个模型，重用性比较高。

（二）视图（View）

视图，即显示模型的状态，是用户交互的层，接收数据更新请求，将用户输入的数据传递给控制器使用。在更新用户视图界面时，用户通过视图与系统交互，发出数据，不需改变模型。

（三）控制器（Controller）

用户输入指令给控制器，经过控制器接收，相应的模型对数据进行处理，最终系统返回值由视图显示。其实它是一段代码，控制层先从模型层读取数据传送给视图层，再由视图层显示到客户端。

随着 Web 应用需求复杂度的提高，MVC 结构把显示和业务处理分离，将设计模式分为三个模块，大大地减少了代码的维护量、加快了开发速度，使产品逻辑结构更为清晰。因而，MVC 设计模式能被广大开发者广泛使用。

二、技术基础

（一）Python

Python 语法简单易学，是一门最为接近大脑思维的语言，设计定位是"优雅""明确""简单"，它的简单易学能让你在几天内甚至几个小时内就写出不错的代码。Python，也称为胶水语言，能与其他语言编写的库文件混合起来，将它们有机结合，形成更高效的新程序。现在，Python 已经不仅仅是一种胶水语言的存在了，已有许多成功的开发、应用案例，其中比较典型的是YouTube、Instgram、豆瓣、YaHoo 等。

Python 功能强大，能完成网站业务逻辑开发、数据分析、数据计算、网络爬虫、自动化运维等，具体如下所示。

1. 网站开发

Python 拥有一个优良的网页开发框架 Django，支持各种主流数据库，完善的第三方库可以帮助解决遇到的大部分问题，并且支持不同的操作系统。它提供了 Web 开发所必需的组件和工具，极大地方便了用户的开发，构成了一个优良的 Web 开发架构和平台，用来实现功能强大和维护 Web 应用。

2. 数据分析和挖掘

Python 包含丰富的库，如 numPy，sciPy 等一大批科学计算库和 Pandans数据分析库，以及用于绘制数据图表的 matplotlib 库。在数据分析和科学计算领域方面，Python 已成为主流语言。

3. 网络爬虫

在使用搜索引擎的时候，用户搜到的结果总是附带太多不必要信息，仍需要人为寻找最终所需要的信息。网络爬虫应用能够为用户提供特定的信息抓取，Python 拥有 Scrapy 爬虫库，beautifulsoup，Pyquery 等 html 解析库，以及requests 网络库，可以用来做爬取分析。

4. 自动化运维

目前，主流的操作系统都集成有 Python。自动化运维领域主流的技术栈

saltstack 和 ansible 都是基于 Python 技术开发的。使用 Python 可以打造出强大的自动化运维工具。

（二）Mysql

数据库技术是计算机数据处理、信息管理系统的核心。随着计算机网络技术的飞速发展，数据库技术得到了广泛的应用和发展。系统数据库的开发采用中小型关系型数据库管理系统 Mysql，其将数据信息分类，存储在不同仓库中。和其他数据库相比，Access 应用功能有限，不适合储存大量数据；SQLServer 维护比较麻烦；而 Mysql 数据库体积小、反应速度快，适合做中小型数据库系统。

概述 Mysql 的特性如下：①跨平台性，支持不同类型的操作系统；②支持多线程，可充分利用 CPU 资源；③多种数据库连接方式可供选择，如 JDBC、ODBC 等；④采用分布式、云计算技术处理上千万条数据。

（三）HTML5

HTML5 是 HTML 语言的第 5 次修改，是最新一代的 HTML 标准，除了HTML 中的特性，又增加了一些实用特性，如：视频音频播放、Canvas 动画、离线存储等功能。这些新特性，可以非常方便地实现 Web 页面的视频和音频的播放以及插入和删除操作，还可以用 Canvas 生成各种表格、图像和动画。近些年来，WebApp 受到越来越多的关注，HTML5 在移动终端的应用也越来越广泛。WebApp 借助 HTML5 的技术，在移动互联网中的地位越来越突出。作为现在主流的网页设计标准，HTML5 具有很多独特的优势，给在线 Web 应用、手机游戏以及网页开发带来了新的发展方向。具有以下几个方面的优势。

1. 跨平台特性

不管是在 Windows 电脑上、MAC 上，或者 Linux 服务器上，包括在我们常用的移动设备手机、PAD 上都可以完美地运行，由此可见其跨平台性比较好。

2. 代码安全性

HTML5 具有加密特性，能够保证代码的安全性。

3.Native 的充分利用

加载 Native，借助 Android 的一些公共接口，可以方便地开发出更人性化的 App。

三、数据库设计

数据库设计是系统建设过程中关键性的一步，确定需求后，设计者根据功能描述设计数据结构，包括数据的存储、传递、查询，关系到每个页面数据及程序的输入、输出值。因而，数据库的设计合理与否会影响到系统的开发和使用。本文采用 MySQL 数据库，数据库设计中包含 14 个数据表，分别是学生基本数据表、学生章学习记录表、目学习记录表、导航栏表、章节信息表、节信息表、答案解析表、目知识点表、学习视频资源表、学习文档资源表、目测试问题资源表、章测试问题资源表、学习风格测试资源表、教师信息表。

第七章　应用型本科院校大学物理教学改革与实践

当前，高等教育面临转型发展挑战，重点高校纷纷向一流学科聚力发展，应用型本科院校面临生源不足、就业困难的迫切压力。本科生毕业后更多会选择考研深造或自主创业，因此在本科阶段的学习具有非常强烈的目的性，这对人才培养质量产生了较大影响。大学物理课程注重基础，但对考研深造无直接帮助；强化实验但又缺乏对专业技能的培养，因此应用型本科院校工科专业学生学习该课程的积极性较差。目前在大学物理课程教学过程已采取了一些措施，如按专业大类授课、理论授课与物理实验交叉进行等，但学生的学习兴趣与成效仍有待提高。

第一节　应用型本科院校的大学物理课程开放式教学实践

开放式教学模式将书本之外的知识引入课堂教学过程，扩充了知识范围、激发了学生的学习兴趣与探索欲望，因此受到了高等教育工作者的重视。目前流行的慕课、翻转课堂等教学模式正是基于开放式教学思维借助互联网技术实现的，该模式增加了学生自主学习的机会，并且强化了师生之间的互动，在学生中获得了较好评价。

一、应用型本科院校的大学物理课程开放式教学的背景

（一）大学物理课时安排较少

一些应用型本科院校为达到应用型综合性人才培养目标，专业课程与实践

环节所占比重较大，且强化数学、英语和计算机等课程训练以适应学生考研与考证需求。这些院校的大学物理课程主要面向材料、机电、信息等工科专业开设，基本分为上、下两部分设置在一年级的两个学期，共80学时左右。由于大学物理知识结构庞大，课时相对而言不足，整个授课过程安排紧张，因而教学过程主要以讲授书本知识为主，课堂互动和知识扩展环节较少。

（二）大学物理课程与院校课程教学体系不协调

在与基础课程衔接方面，大学物理课程学习要以高等数学知识为基础，而这两门课程同期学习，导致学生对物理知识的掌握存在很大困难。与专业课程衔接方面，大学物理课程学习周期长，与专业课程开设学期相距一年左右，导致学生学习专业理论时不会利用物理知识。此外在就业与考研方面，该课程缺乏专业实用性，在研究生入学考试中为非考试科目，因此学生缺乏学习动力。

（三）大学物理课程任课教师任务重

课程主讲教师少，同时要指导学生的物理实验，教学任务重，在课堂教学过程中缺少时间创新课堂教学方式、缺乏精力展开课后指导。同时，导致教师科研活动不足，在学科创新上显得力不从心，造成课堂教学知识陈旧，缺少学术科研成果，影响学生的课程学习兴趣。

（四）学生基础薄弱

应用型本科院校的学生数学、物理等基础相对薄弱，入学后会参照学业指南和学习环境，倾向于选择实用性和实践性强的课程，而对理论性强的基础课程却不够重视。

二、大学物理课程开放式教学的措施与实践

（一）根据专业培养方案，优化教学大纲

教学大纲是教学活动有序进行的指南，需要授课教师根据专业特点、学生情况和教学进度综合考虑后制定。在教学大纲新修订过程中，物理教研室立足于各专业的培养方案，将大学物理课程调整设置在一年级下学期和二年级上学期，结合实际授课情况先编制完成大纲初稿。然后将初稿发至各专业负责人，由其组织专业内部教师对物理教学内容进行核查梳理，并将专业自身的培养目

标和对物理课程的具体要求反馈给大纲制定人员。同时，主讲教师在授课期间要随时了解学生的学习需求与困境。在专业师生共同参与的基础上，面向各专业优化教学大纲内容与授课计划，最终制定出具有专业背景的大学物理课程教学大纲。

（二）根据学习进度，调整课堂授课计划

大学物理学习需要用到微积分、线性代数等知识，在教学过程中要根据实际情况调整计划，如补充数学知识、调整章节教学顺序、增加习题与互动等。在教学实践中，以讲授牛顿运动定律为例，任课教师可以先安排半个课时让学生使用微积分推导"匀速圆周运动的加速度"公式，然后再利用半个课时分小组讨论生活中遇到的圆周运动实际案例，分析圆周运动在科技探索如宇宙飞船运行中的应用。根据学生的基础课程学习进度，适当安排学生使用数学知识推导物理定律，而对一些熟悉的理论定律如热力学守恒定律等则留给学生自学。教学过程中合理地因材施教，让学生参与到教学过程，提高其学习积极性和主动性。

（三）紧扣专业需求，满足学生学习兴趣

不同专业的教学大纲根据专业特点有所区别，如材料专业强调物质结构理论，通信专业强调光电理论，机械专业侧重于力学理论，因此在课堂教学过程中突出物理知识与各专业的联系，使学生明白大学物理是为专业课程学习打基础，从而改善他们学习物理课程时的态度和学习效果。比如随着电动汽车行业的快速发展，能源与动力工程专业的学生对电能与机械能的转换很感兴趣，有同学提出先由蓄电池提供给汽车驱动力，然后将车轮运动过程的动能和热量回收转换成蓄电池的电能，从而将电动车变为"永动机"。学生只是了解到电能、机械能与热能之间可以互相转换，但是并没有掌握大学物理知识中的能量耗散和转换效率，因而提出的"永动机"是不现实的。教学过程中针对该专业学生的学习需求，应重点讲授电磁理论，并借助在线网络课程展示电磁理论在能源工程中的应用案例。

（四）借助教师科研与学科竞赛，强化物理知识的应用

在一些应用型本科院校里，大学物理课程主讲教师均具有博士学位，主持了省级甚至国家级的自然科学研究等项目，在物理学科中做出了一系列科研成

果。因此，在课程教学过程中，可以穿插着教师科研活动与成果，为学生提供一个了解科学研究的窗口，全面展示大学物理知识在科研实践中的重要应用。此外，收集各工科专业教师的科研成果，将物理理论与工程应用之间关联起来，使学生明白大学物理知识在职业生涯中有用武之地，为学习大学物理课程树立信心。

例如，江苏省每年秋季举办"大学生物理及实验科技作品创新竞赛"，致力于激发学生刻苦学习、勇于创新的精神，提高学生科学素质及实践能力。在大学物理授课过程中，为学生宣传该赛事活动政策和奖励，鼓励学生积极参加竞赛。通过课程教学选拔基础扎实、积极主动的学生组成参赛团队重点指导培养，以个人兴趣为出发点，策划参赛主题与作品方案。暑期加紧练习之后再进行报名，参加初赛和复赛。该赛事作为省级比赛，在学生中具有较大的吸引力，借助这个机会使学生积极投身到大学物理课程的学习，并善于学以致用，将基础知识转化成创新思路和科技作品。

第二节　应用型本科院校大学物理课程模块化教学改革实践

社会经济发展到如今阶段，生命科学、电气工程、建筑、化学、计算机等各个领域的问题变得越来越复杂，问题间的内部联系变得更为盘根错节，每类问题出发于同一现象的不同视角而得出迥异结论，技术与理论的研发已经不能局限于一个学科内或学科内的某个分支领域，而大学物理实验基于它的对象和方法的普适性、理论的成熟性，对各个学科具有强大的调和与指导作用，是在应用型本科院校建设与发展过程中，大学生知识与能力与创新意识协调发展的催化剂，它是通过精心设计准备实验过程，排除了次要干扰因素，使学生预测、验证或获取新的信息，通过技术性操作来观测由预先安排的方法所产生的现象，根据产生的现象来判断假设和预见的真伪；它最大限度地模拟了真实的科学发展的过程，通过多个基础性的实验让学生对物理的力、热、光、电、原子等概念有了深刻的认识，对研究与发现过程有了清楚的脉络，极大地拓宽了学生的眼界，在学生的知识结构中加强了学科之间的交叉融合。大学物理实验必然在学校应用型本科转型中起到巨大的推动作用。

一、教师思想、观念的更新

教师是各门学科的教学内容、教学方法的设定者，是教学进程的主导者。教师的教育教学思想对学生产生的影响不言而喻。"大学"非"大楼"也，而"大师"也。同理，我们要建设一所应用型名校，最重要的也应是打造一支实力过硬的应用型教学团队。而在这个过程中，作为教师队伍的一员，我认为最重要的是大力加强自身的学习和思想的改造。从育人目标出发，重新审视自身能力和知识储备，从而更好地为自己充电。

（一）加强自身学习

学习科技前沿知识，关注社会经济和科技发展现状。当前，世界科技日新月异，发展速度十分迅猛。这就需要物理教师在物理学的发展方向和如何将科学发展成果转化成生产力方面，不但要做到比较了解，而且应具备一定的预见性和前瞻能力。在教学中更好地激发学生的兴趣，指导学生进行课外的学习拓展。

（二）拓宽视野，加强交流

以往，理科公共基础课教师引以为荣的是为学生展示：公式的华丽、长篇的熟练推导、数学技巧的变化莫测。但是，这往往更适用于研究型大学，很多教学型院校基本的教学套路也没有根本性地脱离此类思想。与之相比，提升学生的科技素养则显得更为重要。在使学生获得足够物理学基础知识的同时，应在教学中有意识地锻炼其理论联系实际的能力、动手能力和工程实践能力。理论和实践相结合的潜力是巨大的，威力是惊人的。

（三）与数学教研室密切联系

高校可以设列大学物理课程所需要的高等数学知识点，并了解其授课时间，为物理课程开设学期和开课周的选择提供依据。大学物理两个重要的知识基础便是高中的物理学知识和大学的高等数学知识，但是在高等数学的诸多知识点中，与大学物理课程相关的内容相对比较固定，高校可与本校的数学教研室紧密沟通，尽可能在大学物理课程开始前，让同学们掌握好相关的数学基础知识，以方便授课、节约学时、形成合力，使教学能够顺利进行。

（四）与各学院、各专业进行深入沟通

要尽量形成既相对统一又有区别的授课内容，方便教务系统对课程进行管理、方便各专业在知识上进行合理衔接，使整个育人体系构成有机整体。在以往的教学中，物理课程和教学知识面相对统一，各专业区分度不大，知识内容相对陈旧，我们应和各专业加强沟通，形成动态的、常态的沟通机制，适时针对各专业调整教学内容，让大学物理课程成为"理"与"工"的纽带。在教学中，使同学们理解物质世界本质规律，了解到科技发展前沿动态，熟练掌握基础知识的应用技能。在以往教学中，容易在传统教学模式下忽略的物理学教学内容，很可能在将来的应用型人才培养过程中发挥重要作用。例如，量子计算机的出现可能使未来的电脑构造原理完全被更新换代，那么计算机专业的学生是不是应该对粒子物理学和量子力学部分的知识进行学习呢？再如，随着通信、电子设备的迅猛发展，波动光学方面的物理学知识在相关行业中的应用也日渐增多。这就要求我们重新思考、调研，重新针对各专业需求设置教学内容，做到目的性非常强的"取"与"舍"。

二、分层次模块化大学物理实验模式的构建

（一）分层次模块化大学物理实验模式的基本要求

1. 基础性实验的教学地位必须保证

基础性实验指在教学中可以使学生具备基本的实验知识和基本的实验技能类实验，例如长度的测量、密度的测量实验，通过这些实验可以使学生掌握基本的误差计算方法和实验数据的处理方法或实验报告基本写作方法，并能使学生正确使用基本实验仪器进行测量、分析任务。它是为各理工科专业学生学习专业实践课程做基础性准备的，如果学生不能顺利地完成基础性物理实验，是不可能顺利地完成设计性和综合性实验的。因此，基础性实验的教学地位是必须保证的，也就是说它必须包含到每一个模块的第一层次。

2. 综合性、设计性实验要与理论课衔接

综合性、设计性实验要与理论课做好衔接，内容上要从易到难，我们必须

根据应用型本科院校学生生源质量总体偏低的特点，理论与实践课程间隔时间段不能太大，课程安排也应由浅入深，逐步提高大学物理实验的教学质量。

3. 应用性实验必须结合现有实验条件，根据地方、区域经济发展特点来建设。

（二）内容构建

根据相关专业，建设模块的具体内容如图 7-1 所示。

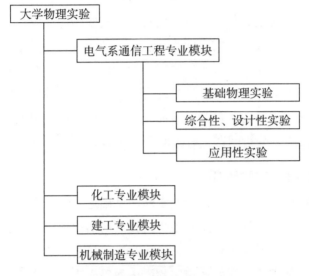

图 7-1　物理实验模块示意图

1. 基础物理实验阶段

首先，基础物理实验应包含实验理论知识，如物理基本常识、误差分析，概率分布规律的教学内容，误差分布规律的实验研究，如最小二乘法、实验不确定度计算、有效数字位数等。其次，基础物理实验应包含长度测量、密度测量、读数显微镜、万用表的使用、测金属丝直径等实验，让学生学习物理基本的测量方法与技能，结合直接测量与间接测量、不确定度的传递等理论知识去完成实验报告。

这一阶段是以教学为主，教师发挥主导作用。学生必须循序渐进地完成实验的全部内容并写出较为完备的实验报告。这样，既可加深学生对误差分布的统计规律和测量结果不确定度概念的深入理解，又能学习实验测量基础仪器的使用技能，并能对物理实验基本程序、实验报告撰写方法等有基本的了解。

2.综合性、设计性物理实验阶段

本阶段在完成基础实验的基础上，提高了仪器设备的复杂程度，提供了许多内容广泛、实验类型齐全、综合性较强，相对于基本实验来说难度较大，又贴合专业特点的实验课题，对于通信工程专业应包含如下实验：示波器的使用实验、惠斯通电桥测电阻实验、电流场模拟静电场实验、电位差计实验、牛顿环测量透镜的曲率半径实验、迈克尔逊干涉仪测激光的波长实验、分光计实验等。这一阶段以学生实践为主，在实验进行的过程中，教师只负责结合理论来介绍实验原理、适时地进行指导等，而具体的实验步骤的设计、数据采集及整理直至做完实验完成报告，均由学生独立设计并完成，让学生在进行设计性实验时，感到自己是仪器的主人，这样就会为设计好一个方案，查阅多种资料，反复进行修改完善。其目的就是通过综合性、设计性实验的实践，培养锻炼学生把已经学过的知识综合、提高，全面灵活地加以运用，以此来培养学生的创新精神和发现问题、分析问题、解决问题的能力。

（三）应用性实验阶段

应用性实验是在综合性、设计性实验的基础之上结合专业特点，对学生的科学研究水平、项目的开发应用水平进行提高的实验内容，它更接近现代科学技术发展方向。对于通信工程专业，应包含光信息与光通信综合实验、光电调制实验、声光调制实验、塞曼效应实验、表面磁光克尔效应实验、音频信号在光纤中传输实验等。这些实验都是学生应用通信知识，开发相关技术的基础实验，可以为学生将来作为技术工作者或从事科研工作打下坚实的基础。这一阶段教师主要提供实验条件，可以组织一些大学生创新活动，与学生共同研究一些小发明，来提高学生的兴趣与主观能动性；也可以联系本区域相关领域的公司，让学生进行实地观摩，激发学生的创新积极性。

分层次模块化大学物理实验模式的讨论，分层次模块化大学物理实验模式可以最大限度地利用现有的仪器资源对学生进行专业的培养，其不仅能激发学生对物理实验的兴趣和主动学习的热情，还能提高他们自主学习、独立思考和独立操作的能力，同时能合理配置实验教学资源、提高实验教学的质量。对于应用型本科有如下几点必须注意。首先我校物理实验基本实验阶段学时数尚显不足，而随着分层次模块化实验教学的实施，必然会使教师工作量大大增加。这在一定程度上会影响到教学安排和教师积极性的发挥。其次我校某些物理实验虽有一定数量的仪器，但如果对全校学生进行统筹安排却有明显不足。最后实施分层次模块化大学物理实验，必须建立新的完备的大学物理和物理实验的教学规范和规章制度以及完善的教学评价体系。笔者相信经过几年的探索与实践，不断地改善教学中的问题与不足，分层次模块化大学物理实验教学模式一定会在学校应用型本科转型中起到巨大的推动作用。

第三节　应用型本科院校大学物理教学与实验结合的改革实践

大学物理实验是科学实验的先驱，体现了绝大多数科学实验的共性，在实验思想和实验方法等方面是其他学科实验的基础。所以，大学物理实验是高校理工科各专业学生一门必修的基础课程；是学生接受实验技能和实验方法的开端；是提高大学生实验素质、培养实验能力的重要基础。它在培养大学生科学思维和创新能力等方面具有其他课程所不能替代的作用。

应用型本科院校是以应用型为办学定位，以区域经济、社会需求和就业为导向，着力培养实用型技术人才，教学目标紧扣"应用"二字而精心设计实验实践环节。因此，大学物理实验对培养实用型技术人才具有更加重要的意义。

然而，从教学实践中发现，多数应用型本科院校尤其是民办高校，大学物理实验教学还存在着一些弊端。鉴于这种情况，有必要对大学物理实验课程教学进行进一步的改革和创新。

一、应用型本科院校大学物理理论与实验教学整合

（一）调整教学计划、课程安排

首先，关于大学物理和物理实验谁先上的问题。物理理论其实也是通过实验总结的物理规律，教学中有些同学认为"自己从实验中总结出来的知识掌握得更好"。以前的教学实践证明，对某一个知识点，可以先在大学物理中进行教授，再去做物理实验验证。也可以反过来，先让学生做物理实验，总结规律，再在大学物理中进一步总结、提炼。但很多学校实验项内容与理论课的教学内

容间隔时间过长。很多高校在安排物理实验的时候，采用轮转表或学生自主选课的模式，容易造成理论课与实验对应课程时间间距过大。

在教学实践中，任课教师发现如果理论与实验课程对同一个知识点（如大学物理中介绍牛顿环、实验课中做牛顿环实验）间隔在两星期内，学生学习效果很好。超过一个月，发现学生先做实验，再到理论课上讲到相关内容，老师提问相关问题，学生往往没啥印象。反过来也如此。所以在大学物理实验安排上，尽量不要跨度、时间间隔不要太久。我们可以采取大学物理分层次教学，同时物理实验课程安排尽量与大学物理同学期。如大学物理分 A（电类）、B（非电类）、C（低要求）3 种。在讲完基础力学后，A 类课程讲的重点、难点是电磁学；B 类课程重点是刚体、力学、热学，先讲。错开了讲学重点、顺序。在使得实验和理论课程同阶段讲授，由于理论课程教学安排相对固定，根据教学日历，尽量将理论课程对应的实验安排到该知识点讲授的前后两周。虽然会增加一些排课难度，但学生学习效果较好。

（二）整合教学内容

目前，由于编制、岗位等问题，理论课教师和实验教师的角色不能互换。大多数高校理论和实验教学相互独立、互不往来，仅偶有交流。很多高校的实验课教师很难把理论课教学内容，融会贯通地应用到实验课教学中，因此较难产生好的教学效果。同样，很多理论课教师不清楚实验安排，内容无法做到贯通。故而应该创造条件让大学物理教师参与实验室的工作，实验技术人员也可以参与大学物理的辅导。

最好的解决方案是能由大学物理教师和实验技术人员共同组成教学班子，共同负责一个专业的物理教学，这对大学物理与工科各专业的结合也是有好处的。目前国内经常使用的大学物理实验书，一般分为"测量误差、不确定度和数据处理""物理实验的基本训练""基础性实验""综合性实验""设计性实验""研究性实验"六个部分，由浅入深，自成体系。有些实验，如密度的测量（训练学生使用比重瓶、物理天平），与理论课联系不大。但如牛顿环、转动惯量、迈克耳逊干涉仪等实验原理、实验内容，很多都与物理理论课程内容高度重合。可以在理论与实验教材中将这些部分特意标注起来，同时根据理论课的教学内容来安排实验。我们在理论课上，注意与实验结合；在实验课上，注意与理论结合，强调两者融合。相同的实验原理、内容不用在实验课和理论课中重复教学，而是相互融合。

在教学中每一种整合措施，都是以学生为中心，激发学生的学习热情和兴趣。在课堂上，以平时成绩加分的激励机制，鼓励学生积极思考如何将大学物理与物理实验内容相结合。通过大学物理理论课和实验课的优化与整合，使学生亲自走上探索科学的征程，既有利于物理学教学，也有利于培养学生的应用技术能力。

二、应用型本科院校大学物理实验模式创新

（一）分层次、模块化教学

高考改革后，很多省份高考是自主命题，高考的模式也不尽相同，于是就出现了同样是理工科的学生，他们在高中选修测试的科目也可以不同，即使是同一个专业学生，选修测试科目也不尽相同。对大学物理实验课程而言，把物理作为选修测试科目的学生一般均能将物理理论与实验知识很好地结合起来，具有一定的实验基础技能，以及分析和处理数据的能力，而其他学生物理理论和实验基础相对薄弱。这种差异随着应用型本科院校办学规模的不断扩大而变得越发明显。

因此，大学物理实验课程的教学，必须考虑学生实验基础的差异，进行分层次、模块化教学，即实验内容打破传统的按力学、热学、电磁学、光学和近代物理等顺序编排的方式，按照由浅入深、循序渐进的原则，考虑到不同学生的物理基础和各专业物理实验的需求，把实验内容分成预备性、基础性、综合性、设计或研究性实验等四个教学模块，其中基础性和综合性实验模块为必修，而预备性、设计或研究性实验模块为选修。

预备性实验模块又可称为前导性实验模块，主要面向实验基础较差的学生，给他们提供一个前期的实验训练平台，尽快地适应大学物理实验课程内容，比如：测量物体的密度、测定重力加速度、测量薄透镜的焦距、测定冰的熔化热、测定非线性元件的伏安特性等。

基础性实验模块设置的主要目的是让学生学会测量一些基本的物理量，操作一些基本的实验仪器，掌握基本的测量方法、实验技能以及分析和处理数据的能力等，范围可包括力、热、电、光、近代物理等领域的内容，比如：金属线胀系数的测量、转动法测定刚体的转动惯量、液体比热容的测量、示波器的

使用、直流电桥测量电阻、霍尔效应及其应用、迈克尔逊干涉仪、分光计测量棱镜的折射率、光栅衍射等。

综合性实验模块可在一个实验中包含力学、热学、电磁学、光学等多个领域的知识，综合应用各种实验方法和技术。这类实验设置是为了让学生巩固在前一阶段基础性实验模块积累的学习成果，进一步拓宽学生的眼界和思路，从而提高学生综合运用物理实验方法和技术的能力，比如：共振法测量弹性模量，密立根油滴实验，音频信号光纤传输技术实验，声速的测定，弗兰克—赫兹实验等。

设计或研究性实验模块，主要面向学有余力、对物理实验饶有兴趣的学生。第一种方案是根据教师设计的实验题目、给定的实验要求及条件，让学生自行设计方案，并独立操作完成实验的全过程，记录相关数据，并做出独立的判断和思考。第二种方案是沿着基础物理实验的应用性教学目标的方向，组成小组，让学生以团队的形式自行选题、操作和撰写研究报告，完成整个实验流程。教师只要担负指导工作。通过以上两种方案，充分激发他们的创新意识、团队合作精神以及分析和解决问题的能力，使之具备基本的科学实验素养，比如自组显微镜、望远镜，万用表的组装与调试，电子温度计的组装与调试，非线性电阻的研究，非平衡电桥研究，音叉声场研究等。

（二）开放式实验教学

大学物理实验主要是基础教学，目标便是培养学生的科学思维和创造精神。开放式实验教学则给予了学生能够充分自由发挥的空间，学生活跃的灵感和充沛的创造力都可以借由这个实验平台得到展示，让物理实验真正成为培养未来科学家的摇篮。同时，开放式实验教学可以相应提高实验室仪器设备的使用率，充分发挥其投资效益与使用价值，使应用型本科院校真正做到"成本最小化与效益最大化"。

因此，各高校应积极创造条件，尽可能进行开放式物理实验教学的尝试，更新教学观念，在教学内容、方法和考核等多个环节做出相关改革，结合分层次、模块化教学。预备性实验模块、设计或研究性实验模块应向学生完全开放。物理实验基础薄弱的学生可选修预备性实验进行补差训练，学业优秀的、可独立完成课题的学生可在教师指导下进行专题实验研究，在时间、内容上灵活掌控，为培养优秀学生创造条件。但是，开放式实验教学也有一定的不足，比如，加大了教师的工作量、课题的选择良莠不齐、考核的标准难以掌控等等。所以，必须培养与建设一支爱岗敬业，同时敢于革新、乐于革新的物理实验教师队伍。

（三）建立网络虚拟实验室

虚拟实验是利用计算机及仿真软件来模拟实验的环境及过程，随着信息技术的发展，虚拟实验教学已经成为加强实践教学、实现培养应用型人才的又一重要手段。与昂贵的实验设备相比，其只要很少的投入，便可有效缓解很多应用型本科院校在经费、场地、仪器等方面普遍面临的重重困难和压力，在大学物理实验教学中适当地引入虚拟实验，无疑非常具有吸引力。此外，开展网上虚拟实验教学，学生在课余时间可进行实验前的预习和实验后的复习，有助于提高大学物理实验教学的效率，能够突破传统实验对"时、空"的限制。对于一些实验仪器结构复杂、设计精密且价格昂贵的实验，学生无法进行实际操作，想要弥补这些不足，可以通过仿真软件来模拟操作，在虚拟的环境中，学生一样可以接触现代化设备和科学实验方法。然而，虚拟实验替代不了真实的实验操作，而只是作为传统实验的有效补充，因此，应该把传统实验和虚拟实验这两种教学模式有机地结合起来，扬长避短，才是更好的选择。

（四）以学生为教学主体，综合运用多种教学方法

传统实验教学的流程往往是教师调整好实验仪器，课堂上先详细讲解实验原理、操作步骤和注意事项，然后做一个实验演示，接下来学生机械地按照实验既定步骤和要求重复操作，最后提交个大同小异的实验报告应付了事，甚至有的不做实验也能编造出大致的实验结果。这种传统"灌输式"教学方法容易导致大学物理实验流于形式，不仅谈不上对学生科学思维的培养，而且在一定程度上限制和扼杀了学生的创造力和想象力，难以激发他们对物理实验课的兴趣，更是偏离了应用型本科院校对人才培养的目标和要求。因此，我们必须先确立学生的主体地位，灵活运用启发式、引导式、交互式等多种课堂教学方法，充分调动学生的积极性和创造性。

1.启发引导式教学

在大学物理实验教学中，教师应该大胆摒弃传统教学思维，把课堂还给学生，专注于对学生能力的培养，善于启发学生进行独立思考。教师在实验中恰当地设问，并给予基本理论的指导，由学生自行探索、分析和解决问题。但是，启发式教学也有很多的难点，所有实验环节的设定，教师必须能够掌控实验的

进程，具备深厚的理论素养和丰富的实践经验方可进行指导，不仅不意味着教学工作的轻松，反而对教师的职业素养提出了更高的要求。传统课堂的机械灌输工作量少了，但是实验过程环节的前期准备和过程指导多了，而环节设置必须更加巧妙和科学，教师自身进行过多次尝试后，确保实验的大方向不出错，实验方法相对成熟，才能更加有效地启发学生独立去完成实验，进行更多地尝试和探索。否则，这种名为启发，实则是放任自流的教学，不仅让学生的创新精神得不到培养，而且教师也没有起到真正的指导作用，这将比传统的教学方法更加失败。

此外，结合大学物理实验的特点，教师要引导学生运用多学科的知识从多角度来审视、分析和解决问题。如测量半导体 P–N 结的物理特性实验，教师要引导学生综合运用材料学、固体物理学、电子学等多方面的知识来完成实验；引入激光全息照相、核磁共振等实验，使学生了解现代科技发展的前沿动态。全新知识点的引入同时将极大地激发学生的学习兴趣，使其领略到物理实验与现代科学的魅力。

2. 交互式教学

交互式教学，就是让学生在充分预习的基础上，相互讨论或提问，积极参与教学实践，教师则适时给予补充或提问而进行的一种双向交流的教学方式。实验前教师可先随机抽几名学生进行模拟授课，教师坐在台下听课。然后进行小组讨论。再交换位置，之后由老师做点评和补充。这种身份互换，不同视角的教学，为学生主体价值的实现提供了尽情展示的舞台。不足之处是交互式教学占用课时太多，操作中会出现不深入、不成熟、不系统等弊端。但只要经过充分的准备和有序的组织，对传统课堂教学做一个补充还是非常有益和必要的。没有改革则没有进步，但凡改革就会有成功的机会。

参考文献

[1] 曹文斗，霍炳海，贾洛武，等 . 大学物理辅导 [M]. 天津：天津大学出版社，2003.

[2] 曹学成，姜永超 . 大学物理 [M]. 北京：中国农业出版社，2015.

[3] 陈刚 . 物理教学设计 [M]. 上海：华东师范大学出版社，2009.

[4] 陈颖聪 . 大学物理 [M]. 北京：北京理工大学出版社，2016.

[5] 郭春景，杨光 . 大学物理 [M]. 西安：西北工业大学出版社，2013.

[6] 郭怀中 . 物理教学论 [M]. 芜湖：安徽师范大学出版社，2011.

[7] 郭昱虹，夏秀春，李红 . 物理教学模式与方法创新研究 [M]. 长春：东北师范大学出版社，2015.

[8] 韩仙华 . 大学物理教学设计：方法、能力、素质的综合训练 [M]. 北京：国防工业出版社，2006.

[9] 胡炳元 . 物理课程与教学论 [M]. 杭州：浙江教育出版社，2003.

[10] 胡芳林 . 物理教学理论及发展研究 [M]. 北京：中国水利水电出版社，2014.

[11] 胡盘新 . 大学物理解题方法与技巧 [M]. 上海：上海交通大学出版社，2004.

[12] 华南师范大学物理教学论学科组 . 大学物理教学探讨 [M]. 广州：华南理工大学出版社，1995.

[13] 籍延坤 . 大学物理教学研究 [M]. 北京：中国铁道出版社，2013.

[14] 解世雄 . 物理教学论课程的理论与实践探究：卓越物理教师的理念与操作技能 [M]. 广州：广东高等教育出版社，2013.

[15] 康垂令 . 物理实验 [M]. 武汉：武汉理工大学出版社，2009.

[16] 兰民，王丽丽 . 大学物理研究 [M]. 长春：吉林大学出版社，2013.

[17] 类维平 . 物理实验教学技能 [M]. 哈尔滨：东北林业大学出版社，2004.

[18] 李宝姿.大学物理与通才教育：大学物理教学论初探 [M]. 福州：福建教育出版社，1995.

[19] 李光.大学物理教学辅导 [M]. 长沙：湖南大学出版社，2014.

[20] 李巧改.大学物理教学指导 [M]. 苏州：苏州大学出版社，2001.

[21] 林钦.物理微格教学 [M]. 厦门：厦门大学出版社，2008.

[22] 凌瑞良.大学物理教学研究与讨论 [M]. 南京：南京师范大学出版社，1999.

[23] 刘剑锋，曾园红.物理教学技能综合训练教程 [M]. 杭州：浙江大学出版社，2014.

[24] 刘文军.大学物理实验 [M]. 北京：机械工业出版社，2005.

[25] 卢巧.物理教学论 [M]. 成都：四川大学出版社，2010.

[26] 聂承昌.高等物理教学论 [M]. 广州：华南理工大学出版社，1994.

[27] 彭庶修，朱华.大学物理实验教程 [M]. 北京：国防工业出版社，2006.

[28] 史祥蓉.大学物理实用教程：基于建构性教学观 [M]. 北京：国防工业出版社，2015.

[29] 舒象喜.大学物理实验教程 [M]. 长沙：中南大学出版社，2016.

[30] 宋明玉，张战动.大学物理（第 2 版）[M]. 北京：清华大学出版社，2015.

[31] 宋善炎.物理教学论 [M]. 长沙：湖南师范大学出版社，2002.

[32] 唐一鸣.物理教学艺术论 [M]. 南宁：广西教育出版社，2002.

[33] 王较过.物理教学论 [M]. 西安：陕西师范大学出版社，2003.

[34] 王显军.物理教学设计 [M]. 哈尔滨：黑龙江教育出版社，2008.

[35] 王悦.物理教学方法与艺术 [M]. 北京：红旗出版社，1998.

[36] 王祖源，倪忠强，赵跃英.大学物理课堂教学设计 [M]. 北京：高等教育出版社，2017.

[37] 邢红军.物理教学论 [M]. 北京：北京大学出版社，2015.

[38] 宣桂鑫，江兴方.多媒体物理教学软件开发与应用 [M]. 上海：华东师范大学出版社，2001.

[39] 严导淦，易江林.大学物理教程 [M]. 北京：机械工业出版社，2016.

[40] 严燕来，叶庆好.大学物理拓展与应用 [M]. 北京：高等教育出版社，2002.

[41] 姚文忠 . 物理教学及其心理学研究 [M]. 杭州：杭州大学出版社，1991.

[42] 叶建柱，蔡志凌 . 物理教学中的逻辑 [M]. 北京：科学出版社，2013.

[43] 张军朋 . 物理教学与学业评价 [M]. 广州：广东教育出版社，2005.

[44] 张晓春，张晓燕，华玲玲 . 大学物理导学 [M]. 北京：中国电力出版社，2012.

[45] 赵科，马山 . 展开物理教学探索 [M]. 呼和浩特：远方出版社，2007.

[46] 郑容森 . 物理教学改革与实践探索 [M]. 成都：西南交通大学出版社，2016.

[47] 周军 . 大学物理（第 2 版）[M]. 北京：国防工业出版社，2015.

[48] 周一平，李旭光 . 大学物理课程开放式教学设计 [M]. 长沙：中南大学出版社，2015.

[49] 周怡，金君 . 大学物理实验 [M]. 武汉：武汉理工大学出版社，2008.

[50] 朱龙祥 . 物理教学思维方式 [M]. 北京：首都师范大学出版社，2000.

[51] 邹祖莉 . 物理教学论 [M]. 贵阳：贵州科技出版社，2006.